築苑013

王新征 著

築苑·乡俗祠庙

——乡土聚落民间信仰建筑

中国建材工业出版社

图书在版编目（CIP）数据

乡俗祠庙：乡土聚落民间信仰建筑 / 王新征著 . --
北京：中国建材工业出版社，2020. 3
　　（筑苑）
　　ISBN 978-7-5160-2782-0

　　Ⅰ . ①乡… Ⅱ . ①王… Ⅲ . ①祠堂－古建筑－建筑艺
术－中国 Ⅳ . ① TU-092.2

中国版本图书馆 CIP 数据核字（2019）第 289145 号

乡俗祠庙——乡土聚落民间信仰建筑
Xiangsu Cimiao——Xiangtu Juluo Minjian Xinyang Jianzhu
王新征　著

出版发行：中国建材工业出版社
地　　址：北京市海淀区三里河路 1 号
邮政编码：100044
经　　销：全国各地新华书店
印　　刷：北京天恒嘉业印刷有限公司
开　　本：710mm×1000mm　1/16
印　　张：10.75
字　　数：200 千字
版　　次：2020 年 3 月第 1 版
印　　次：2020 年 3 月第 1 次
定　　价：**78.00 元**

以天人築以心築苑闹作苑

築苑叢書雅存 丁酉端午

孟兆祯

孟兆祯先生题字
中国工程院院士、北京林业大学教授

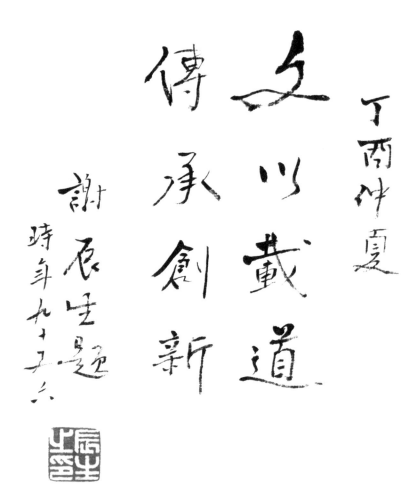

文以载道
传承创新

丁酉仲夏

谢辰生题
时年九十六

谢辰生先生题字
国家文物局顾问

筑苑 · 乡俗祠庙

主办单位

中国建材工业出版社

中国民族建筑研究会民居建筑专业委员会

扬州意匠轩园林古建筑营造股份有限公司

顾问总编

孟兆祯　陆元鼎　刘叙杰

特邀顾问

孙大章　路秉杰　单德启　姚　兵　刘秀晨　张　柏

编委会主任

陆　琦

编委会副主任

梁宝富　佟令玫

编委（按姓氏笔画排序）

马扎·索南周扎　王乃海　王向荣　王　军　王劲韬　王罗进　王　路
龙　彬　卢永忠　朱宇晖　刘庭风　关瑞明　苏　锰　李　卫　李寿仁
李国新　李　渍　李晓峰　吴世雄　宋桂杰　张玉坤　陆　琦　陆文祥
陈　薇　杨大禹　范霄鹏　罗德胤　周立军　苟　建　姚　慧　秦建明
徐怡芳　唐孝祥　崔文军　商自福　梁宝富　端木岐　戴志坚

本卷著者

王新征

策划编辑

章　曲　李春荣　张晓江　吕亚飞

本卷责任编辑

章　曲

版式设计

汇彩设计

投稿邮箱：zhangqu@jccbs.com.cn

联系电话：010-88376510

传　　真：010-68343948

筑苑微信公众号

中国建材工业出版社
《筑苑》理事单位

在人类的认知水平、科学技术水平和生产力发展水平总体上较为低下的时代，人们对超自然力量的信仰是一种普遍的现象。对于营建活动来说，一方面，无论是在中国的建筑传统中还是在其他几个最重要文明的建筑传统中，信仰类建筑都是最为重要的公共建筑类型，在很大程度上代表了一个时期建筑形制和建造技术发展的最高成就；另一方面，传统社会中的信仰活动在社会生活各个层面都具有巨大的影响力，并最终会通过对社会整体的文化精神和审美情趣的影响作用于营建活动的各个层面。

与传统官方意识形态中对待信仰问题的态度相比，乡土社会中的信仰状况比较复杂。无论是纷繁复杂的民间宗教和信仰，还是普遍存在的宗族文化，一方面会受到封建王朝的官方主流意识形态和信仰文化的影响，另一方面也会因应地域的自然地理、资源经济和社会文化条件而呈现出独特的地域性特征。与之相关联的信仰活动，是乡土社会公共活动中最重要的内容之一，同时往往与农事活动、商业活动等生产生活性活动紧密结合起来，并对聚落整体结构和公共建筑的形式产生重要的影响。

传统中国社会的信仰大体上来自三个方面：与政府的行政治理关系密切的儒家思想，道教、佛教等本土或外来的制度性宗教，以及形形色色的民间信仰。对于乡土社会来说，尽管儒家思想与制度性宗教的影响不可忽视，但民间信仰无疑对社会的习俗、文化和艺术有着更为深刻的影响，同时也表现出与地域自然和社会环境更高的契合度。

在建筑方面，作为儒家思想物质载体的孔庙，与佛教、道教的寺、观相比，总体上与官式建筑传统的关联度较高，这与儒家思想和制度性宗教作为文化"大传统"的地位是相契合的。民间信仰建筑表现出与地域环境条件和建筑传统更多的联系，很多情况下其形制与所处乡土聚落中的民居建筑更为接近。

传统上，乡土建筑的保护整体上受到文物保护理念、原则和价值观念的影响，倾向于从历史价值、艺术价值、科学价值等角度认知乡土建筑的价值，这导致了民间信仰建筑所受到的重视远不如制度性宗教的寺观类建筑。但实际上，民间信仰与聚落的生产生活、社会结构、民风民俗以及文化艺术的关联更为密切。因此，如果从乡土聚落保护利用和文化传承的角度来看，对民间信仰建筑的研究和保护无疑也具有重要意义。

本书分类汇集了一批具有代表性的乡土聚落民间信仰建筑实例，旨在粗略建立一个传统中国乡土聚落中民间信仰活动、信仰文化、信仰建筑的整体轮廓，进而体味与之相关联的传统生活方式、精神世界与乡土文化。同时希望对民间信仰、乡土文化、仪式习俗感兴趣的读者来说，本书能够成为具有索引功能的乡土专题旅行导引。

北方工业大学　　王新征

2019 年 12 月

目 录

1 乡土社会与民间信仰

理解乡土聚落中信仰类建筑的地位和作用，首先需要理解乡土社会中的信仰状况。中国传统时期乡土社会中民众信仰类型多样，既有佛教、道教等制度性宗教，也有松散灵活、地域性强的民间信仰。与之相关联的信仰活动，是乡土社会公共活动中最重要的内容之一，并对聚落整体结构和乡土建筑形式产生重要的影响。

1.1 制度性宗教与民间信仰

就本书的研究视角来看，对于人类社会中形形色色的信仰活动的内容和形式而言，制度性宗教和民间信仰的差异无疑是其中最为重要的分野。杨庆堃在《中国社会中的宗教》一书中，将宗教（在这里应指广义上的信仰活动）分为"制度性宗教"（institutional religion）和"分散性宗教"（diffused religion）："我们的研究意在阐明，制度性宗教在神学观中被看作是一种宗教生活体系。它包括：①独立的关于世界和人类事务的神学观或宇宙观的解释；②一种包含象征（神、灵魂和他们的形象）和仪式的独立崇拜形式；③一种由人组成的独立组织，使神学观简明易解，同时重视仪式性崇拜。借助于独立的概念、仪式和结构，宗教具有了一种独立的社会制度的属性，故而成为制度性的宗教。另一方面，分散性宗教被理解为：拥有神学理论、崇拜对象及信仰者，于是能十分紧密地渗透进一种或多种世俗制度中，从而成为世俗制度的观念、仪式和结构的一部分。宗教的这种分散形式在涂尔干的著作中有较好的描述。制度性宗教作为一个独立的系统运作，而分散性宗教则作为世俗社会制度的一部分发挥功能。从根源上看，任何形式的宗教都是心理因素造成的，独立于世俗生活结构的。但在接下来的发展中，宗教可能选择这两种形式中的任意一种。一种制度性宗教在其独立存在中很容易被观察到，但在社会组织中扮演的角色或许不那么重要；而另一方面，作为一个独立的因素，分散性宗教可能并不那么引人注目，但它作为一种基层支持力量，对于世俗制度和整体的社会秩序或许十分有意义。"[1] 同时论述了在中国传统社会中这二者的表现："在中国，制度性宗教主要表现为普世性宗教，诸如佛教和道教，以及其他宗教和教派团体。对专业术士以及巫师的崇拜同样包括在其中。因为这样的崇拜并不是作为世俗社会制度的一部分起作用。在许多情况下，制度性宗教和分散性宗教相互依赖、互为表里。分散性宗教依赖制度性宗教发展其神话的或神学理念，提供神明、精灵或其他崇拜的象征，创造仪式和供奉方式，以及对信徒和出家人进行专门训练。因此佛教和道教的信仰制度、神明、仪式及出家人被借用在分散性宗教的不同形式中，诸如祖先崇拜、民间神明以及道德—政治的崇拜仪式。另一方面，制度性宗教依靠为世俗制度提供上述服务以便维持其自身的存在和发展。因此，在中国社会的宗教生活中，这两种形式的宗教结构在功能角色上互相关联、影响。"[2] 并特别指出了分散性宗教对于中国传统社会的重要意义："在这一观点下审视中国社会的宗教特征，我们会发现分散性宗教在社会生活的所有主要层面广为流行，维系着社会制度的稳定；而制度性宗教虽然有其自身的重要性，但是缺乏组织性力量，在整个中国社会系统中不能成为强有力的结构性因素。"[3] 对于本书所关注的中国传统时期的乡土社会而言，以道教、佛教为代表的各时期盛行的主要宗教无疑属于制度性宗教的范畴，而分散性宗教则涵盖了包括祖先崇拜在内的形形色色的民间信仰类型。

[1] 杨庆堃.中国社会中的宗教.范丽珠，等，译.上海：上海人民出版社，2006：268-269.
[2] 杨庆堃.中国社会中的宗教.范丽珠，等，译.上海：上海人民出版社，2006：269-270.
[3] 杨庆堃.中国社会中的宗教.范丽珠，等，译.上海：上海人民出版社，2006：269-270.

1.2 传统乡土社会的信仰状况

　　首先，从整个中国传统文化的角度看，在当代尚在延续的几个重要的文明和文化传统中，中国几乎是唯一一个在漫长的发展历史中从来没有形成过对官方意识形态具有重要影响的超验性宗教的文明形态。西方文明从古罗马时期之后，基督教一直是其主导性的意识形态，宗教的影响遍及社会生活的所有领域，并在很大程度上决定了西方文明最终的发展方向。而在西方城市和建筑的历史中，宗教建筑往往是传统城市中最重要的公共活动中心，也是传统时期西方建筑最为重要的主题。在古罗马之后一直到文艺复兴的这段时期，西方建筑中几乎所有重要的技术和形式发展都是围绕宗教建筑展开的，宗教理念中更接近上帝和天国的要求成为促进建筑在垂直向度上发展的主要原因，并由此促进了建筑结构技术的极大进步。相对来说，日本文明中的宗教并没有表现得那样强有力和超验化，反而具有很强的世俗化倾向，这一点在日本佛教的发展中体现得最为明显。但是日本传统的神道教带有强烈原始自然信仰色彩的万物有灵观念一直对日本人的自然观念有比较大的影响，进而影响到日本建筑和园林的设计理念。同时在日本的历史上，神道教和佛教一直对政府的意识形态有很大的影响，明治时期的"废佛毁释运动"后，神道教成为国家宗教更是在很大程度上影响了日本近代以来的政府行为。而在伊斯兰文明和印度文明中，宗教更是几乎从文明的缘起至今都是整个文明体系中最为重要的内容。即使在受到全球化和现代化巨大影响的今天，宗教在伊斯兰和印度社会的社会结构和文化系统中仍然占据着重要地位，从根本上影响着整个文明的社会文化精神。

　　但是像这样有明确的超验性追求，并且对主流意识形态具有强大而持久影响力的宗教从未出现在中国的历史中。中国乡土社会的民间信仰近似于一种原始的自然信仰和多神信仰在发展中逐渐世俗化的产物，崇拜对象的来源非常丰富，包括原始的自然信仰和生产生活类信仰、原始神话、道教等本土宗教、佛教等外来宗教，甚至现实中的帝王将相等英雄人物，没有统一而明确的教义和神系系统。同时，人神之间的关系不是"信仰—被信仰"的关系，而是"祈求—回应"的关系。评价神的价值标准是否"灵验"，即是否能够回应人的祈求福祉、禳除灾祸的诉求，灵验的神将会被修建更多的寺庙、塑像，得到更多的香火（图1-1）。因此，人神之间本质上是一种契约或者说交易关系，这种与通常意义上的制度性宗教截然不同的信仰形态被西方的研究者们称为"中国民间宗教（Chinese folk religion）"[1]。

中国本土的道教具有比较明确的教义和神系系统，但在对中国人精神生活的影响力方面与上述的民间信仰并无二致。对于普通民众来说，信仰道教和信仰民间传说中的神灵并没有区别，仍然是一种"祈求—回应"的现实关系。并且，道教的教义虽然脱胎于传统的道家思想，但是其对中国文化精神的影响还不如道家思想来得大。作为中国最重要宗教的佛教，虽然确实为中国文化带来了少许的超验性精神，但是这种超验性的内容大多与中国传统道家思想中避世的一面结合在一起，并成为文人阶层隐逸文化的一部分，没有形成独立性的影响，涉及的范围也不大。而在对乡土社会的影响方面，佛教在传入中国后迅速地被本土化、世俗化，最终与道教一起形成了中国民间信仰的一部分。佛教在中国的发展历程，很能代表外来宗教在中国文化中的命运。在不同历史时期传入中国的外来宗教中，仅有少数在部分少数民

图1-1 福建泉州通淮关岳庙（来源：王新征 摄）

---

[1] 维基百科"Chinese folk religion"条目：en.wikipedia.org/wiki/Traditional_Chinese_religion。

族的乡土文化中得到一定的保存和发展，其他大多数最终都成为民间信仰的一部分。并且，这些宗教最终都没有被官方意识形态所认可，都未能取代儒家思想在官方主流文化中的主体地位。

作为官方文化主体的儒家思想，尽管被不少研究者称为"儒教"，但实际上在文化精神的体现方面与真正意义上的宗教相去甚远。首先，它并没有完整的世界观，或者说其世界观涵盖的范畴仅仅限于现实社会领域，而对之外的自然和精神世界都采取类似于"六合之外，圣人存而不论；六合之内，圣人论而不议"的态度；其次，它不关心超验性的精神体验，所有超越现实之外的终极目的或者标准仅以"天道"这一模糊不清的概念来表示。在一定程度上，儒家思想较早地在主流文化中占据了主体地位，正是中国文化中的很多原始宗教和具有宗教意义的思想未能发展成为真正意义上的宗教的一个更为重要的原因，中国宗教传统的断裂正是始于儒家的兴起。儒家思想对社会全面而普及的教化作用，一定程度上形成了大传统对小传统的压制，使得各类源于原始神话和巫术仪式的信仰形态的影响力趋于减弱甚至消失，这也是中国传统社会信仰文化的一个典型特征。

这种真正意义上的宗教文化的缺失或者说世俗思想始终居于精神世界之主流的状况，对中国城市、聚落和建筑的发展都有很大的影响，特别是加剧了中国城市、聚落中不通过单体建筑的高大、宏伟与华丽来体现精神意义的倾向。对于超越性的崇拜主体——例如基督教的上帝——来说，不计代价的奉献是被赞赏的，但作为社会秩序的一部分同时也要受到这个秩序约束的世俗君主则不能不受制约地建造自己的宫殿，而在"祈求—回应"的信仰体系下对神灵的奉献也不可能成为不计成本的行为。因此类似于西方那样花费上百年的时间不惜代价地建造施工难度达到时代极限的教堂的行为不可能在中国的城市发展历史中普遍存在。另一方面，这也进一步降低了中国建筑对永恒性的追求，世俗建筑设定的使用周期很难超过人的寿命，这一点迥异于那些为神明建造的永恒的纪念碑。此外，缺少宗教文化也在一些具体的建筑形态中显示出影响力，例如中国传统建筑中中心性要素和向心性图式的相对缺失，很大程度上就是来源于此。正如森佩尔在《建筑四要素》一书中所指出的："尽管中国建筑至今仍保持其生命力，但除了蛮族人棚屋之外，它是我们所知道的具有最原始动因的建筑形式。人们已经注意到，中国建筑中的三种外部要素都是完全独立存在的，而作为精神要素的壁炉（这里我仍沿用这种说法，在后文中它将为含义更为丰富的祭坛所取代）却不再占据焦点的位置。"[1] 从建造的层面来看，这种纪念性与永恒性追求的缺失也使砖石建筑丧失了其最为重要的存在理由——木材在恒久性方面显然比石头要差得多。此外，主要是宗教佛教和道教的教义也不支持通过建筑等物化形式追求永恒性的做法。这种观念体现在建筑当中就是建筑一直被视为随时可根据需要进行更换甚至摒弃的东西。

对于乡土社会来说，一方面儒家思想与制度性宗教的影响仍然不可忽视，另一方面民间信仰无疑与聚落的生产生活、社会结构、民风民俗以及文化艺术的关联更为密切，同时也表现出与地域自然和社会环境条件更高的契合度。具体到信仰类建筑的形式方面，在乡土聚落中，制度性宗教相关的建筑类型，包括作为儒家思想物质载体的文庙，佛教、道教的寺、观，总体上与官式建筑传统的关联度较高，这与儒家思想和制度性宗教作为文化"大传统"的地位是相契合的，但其内容和形式也会受到地域环境条件和乡土文化的影响，从而表现出不同于其标准形制的方面。在内容方面，乡土环境中的佛教、道教寺观通常修行和信仰所占的比重较低，更多的还是满足聚落祈福禳灾的需求，与民间信仰庙宇所承担的功能近似。在形式方面，乡土聚落中寺观的规模一般较小，虽然空间格局仍大体遵循宗教仪轨的要求，但也常根据地域的文化状况而有差异，其建筑形式往往也带有明显的地域性特征（图1-2）。在与聚落整体结构和公共空间系统的关系方面，制度性宗教的寺观通常位于聚落中较为重要的位置，例如村口、聚落中心或者聚落中地形较高的地方（图1-3）。

而与民间信仰相关联的建筑与空间则表现出与地域环境条件和建筑传统更多的联系，很多情况下其形制与所处乡土聚落中的民居建筑

---

[1]　戈特弗里德·森佩尔. 建筑四要素. 罗德胤，等，译. 北京：中国建筑工业出版社，2009：113.

更为接近（图1-4）。并且，相对于制度性宗教的寺观，民间信仰建筑通常位置更为分散和随意，规模更小。很多民间信仰类型并不依附于专门的建筑，而是直接在廊桥等交通便利位置设置神像，甚至完全不做遮蔽，露天放置。同时，很多与家庭生活相关的民间信仰，其载体往往与民居结合设置（图1-5）。因此，在与乡土聚落的公共活动和公共空间的关联性方面，民间信仰也呈现出明显的多样化特征，部分民间信仰建筑与制度性宗教的寺观一样成为聚落公共空间的核心，而有些民间信仰建筑可能完全不具有公共性。

此外，无论是制度性宗教的寺观还是民间信仰的庙宇，在乡土聚落中其功能往往是复合性的，不仅仅用于祈禳，还常伴随着其他类型的公共功能。例如邻近庙宇设置庙会等商业空间，或者在庙宇内外设

图1-2　浙江金华汤溪镇汤溪城隍庙
（来源：王新征 摄）

图1-3　山西沁水西文兴村柳氏民居聚落文昌阁
（来源：王新征 摄）

图1-4　江西金溪珊珂村西溪庙
（来源：马韵颖 摄）

图1-5　山西晋中静升镇王家大院神龛（来源：王新征 摄）

置戏台用于观演等（图1-6）。这种功能的复合化适应了乡土环境中公共建筑与公共空间数量和规模整体上较为有限的状况，也再次证明了中国乡土社会精神信仰活动所具有的世俗化特征。

图1-6　山西吕梁碛口古镇黑龙庙戏台（来源：王新征 摄）

1.3 传统社会民间信仰的特征

中国传统社会中民间信仰作为一种分散性宗教诸多方面的特征，在相关学者的著作中已不乏系统性的论述，在此仅就与本书中对聚落与建筑的研究关系较为密切的部分做一概要的综述。

首先，民间信仰与社会生活的各个方面关系密切。一方面，如前文所述，在中国传统社会的大多数历史时期，民间信仰等分散性宗教才是信仰活动中维系社会结构、意识形态、社会制度和社会文化的主要力量，而不是道教、佛教等制度性宗教。其中，在国家层面，道德—政治的崇拜仪式无论是体现为作为国家意识形态的儒家思想和制度，还是内化为作为社会政治和文化主导力量的知识阶层的理念与操守，均在事实上决定着社会政治和文化的整体走向。在乡土社会层面，基于祖先崇拜的宗族信仰无疑是绝大多数时期和地域乡土信仰中最具主导性的力量；而形形色色的民间神灵中的相当一部分，也在乡土社会的日常生活中发挥着不亚于制度性宗教所提供崇拜对象的重要作用。另一方面,相对于制度性宗教来说,民间信仰的起源本就与一时一地的生产生活存在着更为密切的联系,很多民间信仰的崇拜对象和仪式甚至直接来自乡土社会的农事、商业等生产生活性活动,因此与地域的自然和社会文化环境之间存在着更为紧密的契合关系。

其次,在中国民间信仰中,信众与崇拜对象之间的关系也与制度性宗教中信众与神灵的关系有较大差异。正如前文曾提到的,民间信仰中的信众与神灵之间的关系更多地建立在一种交易契约的基础上。从这个意义上讲,大多数民间信仰并不存在与制度性宗教相类似的真正意义上的信众。作为交易行为的双方,崇拜者与崇拜对象之间的关系一方面更为平等,而非单方面的支配,另一方面也欠缺稳定性,呈现出临时性的特征。同时,由于信众与崇拜对象之间的关系更多地建立在"交易"而非"崇拜"或"奉献"的基础上,民间信仰中通常更重视崇拜对象的功能性,而非其地位、道德或能力属性。马克斯·韦伯在《儒教与道教》中认为,中国民间信仰是一种"功能性神灵的大杂烩"[1]。相应地,只要崇拜对象能够满足这种"功能性",其地位的高低、能力的强弱乃至道德方面的善恶都会被视为相对次要的因素。一个显著的例子是,在一些乡土环境中,被人格化的动物个体(例如狐狸、蛇、黄鼠狼)常被作为重要的崇拜物,原因是其被认为在回应某种类型的祈求(例如治愈某种病症)方面较为灵验。关于这一点,在与制度性宗教崇拜对象的比较中尤为明显,崇拜对象通常并不被认为是"全知"或"全能"的,甚至很多时候并不被认为是"善"的。此外,这种对崇拜对象功能性的高度关注必然会导致依据自身需求来创造神灵的行为,这种做法在当代的乡土社会中也并不少见,并且依据新的需求创造出"车神""考神"等新的祈求对象。这种做法在现代文明的映衬下显得有些荒诞,却是传统乡土社会民间信仰在当代社会环境中最为自然的延伸。

再次,民间信仰通常并没有清晰、严谨的教义和神系系统,甚至对崇拜对象的描述往往存在着彼此矛盾的现象。一个很简单的例子是

---

[1] 马克斯·韦伯.儒教与道教.王容芬,译.北京:商务印书馆,1995.

宗族信仰中对祖先崇拜的描述。通常来说，在传统的乡土社会中，大多数人认为祖先的灵魂会长期地护佑子孙后代。但另一方面，大多数人也接受轮回转世的思想，认为死者的灵魂会很快获得新的生命，并由此衍生出地狱、阎王、判官等相关的概念。对于制度性宗教来说，上述两种显然彼此矛盾的观念几乎必然会引发争论甚至教派冲突，但在乡土社会的民间信仰体系中，人们却可以非常自然地对这二者采取同时接受的态度。

最后，与制度性宗教相比，中国民间信仰中的信众与崇拜对象之间通常并不需要依赖职业化的僧侣作为中介。事实上，即使在中国传统的制度性宗教中，职业僧侣也并不总是被赋予较高的地位。很多民间传说中佛教僧侣会被描述为不为大众所尊敬和喜爱的角色，一定程度上也是民间信仰中对待这一问题态度的反映。

1.4 敬神与敬人：民间信仰的对象与类型

中国传统社会民间信仰的另一个重要特征是崇拜对象来源的多样性。特别是对于本书主要研究对象的乡土聚落和建筑的主要营建时期的传统社会晚期来说，乡土社会的信仰文化中沉积了以往很长的历史时期中不断变迁的民间信仰的痕迹，同时又受到地域之间、族群之间持续性的文化交流的影响。儒家思想等封建王朝中央政府的主流意识形态以及道教、佛教等制度性宗教，也会或多或少地影响乡土社会的民间信仰。而民间信仰忽视教义与神系的系统性、单纯注重祈求对象功能性的做法，又使得上述不同信仰文化的影响能够在一定范围内得以共存。这些因素的综合作用，造就了民间信仰中崇拜对象的多样性和复杂性。

总体上看，按照其来源和性质，中国传统时期乡土社会中民间信仰的崇拜对象大致可以分为如下几种类型。

1. 借用制度性宗教的神灵

这一类崇拜对象来自道教、佛教等制度性宗教对乡土社会民间信仰的影响。其中，道教等本土宗教在教义和神系系统形成时本来就借鉴和整合了当时各地民间信仰中的大量内容，并在发展中不断与其后各时期的民间信仰彼此影响。作为这种相互作用的结果，一方面与道教教义相关的思想观念在整个中国传统社会中都具有相当的影响力，另一方面，作为这种影响在乡土社会信仰活动中最直接的表现，民间信仰中的崇拜对象与道教等本土宗教也有相当程度的重叠。而对于佛教等外部传入的宗教来说，在本土化的过程中也存在与民间信仰之间的彼此影响。在这个过程中，佛教等外来宗教借用民间信仰神灵的情况总体较少，但信仰对象参照民间信仰的需求而在内容和形式方面发生变化的情况并不少见，一个比较典型的例子是佛教中的崇拜对象观世音菩萨在汉地本土化的过程中性别和神职的演化。而民间信仰从佛教中借用崇拜对象的情况则更为常见，甚至在一定程度上超过了道教等本土宗教。

2. 由自然信仰衍生而来的神灵

自然信仰中的崇拜对象来自对自然造物和自然力量的人格化。在很大程度上，传统社会中的自然信仰可以被视为人类社会早期原始自然信仰的残存形态。在各文明的早期历史中，出于对自然力量的恐惧和自然恩赐的敬意，这种将自然造物人格化并作为崇拜对象的做法曾经普遍存在。但在其后与制度性宗教的兴起伴随而来的对异教信仰的排斥，以及自然科学的发展对自然界的祛魅作用，使得原始的自然信仰在大多数文明的发展中逐渐弱化乃至消亡。而在中国、日本等少数文明形态中，自然信仰一直到传统社会的晚期仍然在社会的信仰生活中占据着相当重要的位置，同时也在很大程度上影响着社会的文化和审美心理。对于中国传统社会来说，这种原始的自然信仰长期保持着较为旺盛生命力的现象，一方面是因为世俗化的儒家思想居于统治地位和制度性宗教整体上较为弱势的状况，客观上使得原始的和民间化的自然信仰较少受到制度性宗教的冲击和压制，这一点在一些制度性宗教总体上不太盛行的较为偏远的少数民族地区表现得更为明显。另一方面，道教、佛教等重要的制度性宗教均在一定程度上借鉴和吸收了自然信仰的部分内容，这种信仰文化之间的交流与融合也在一定程度上缓和了制度性宗教与自然信仰之间的矛盾。此外，农业长期占据绝对主导地位的社会经济形态，与传统农业对日照、降水、河湖、地貌等自然要素的极度依赖，也使得对自然力量的祭祀活动具有深厚的社会经济基础。这一点，在龙王等与降雨相关的自然神灵崇拜在时间和空间的普及性上体现得尤为明显（图1-7）。

3. 与生产生活相关的神灵

从祭祀、祈求活动的实用性目的出发，必然导致与社会生产和日常生活活动相关的神灵在整个民间信仰体系中占据重要的地位。正如前文所述，鉴于农业生产对中国传统社会的重要性，与农业相关的龙王、农神、土地神、谷神、雹神、牛王等神灵崇拜在传统社会非常普及。其他行业性神灵的崇拜活动则与地域的产业状况有密切的关系，例如鲁班崇拜、盐宗崇拜、伯灵翁崇拜、陶师崇拜、黄道婆崇拜、酒神崇拜、茶神崇拜、扁鹊崇拜等，都反映了所处地域的生产状况，同时往往也与民间行会组织的活动有较为密切的联系（图1-8）。而在东南沿海传统社会晚期出海贸易和务工活动频繁且对地域整体经济状况影响较大的地区，祈求海上航行安全的妈祖等海神崇拜则成为民间信仰中最为重要的部分。生活类神灵的崇拜活动则通常与家庭生活紧密联系在一起，其中相当一部分并没有庙宇等专门化的祭祀场所，而是通过住宅内部的特定空间形式或建筑形式来体现，门神、灶神崇拜就是其中比较典型和普遍的例子。

4. 对非人格化的抽象力量的崇拜

如前文所述，道教、佛教等制度性宗教，与传统社会的民间信仰之间最为重要的联系就是为民间信仰提供了大量的崇拜和祈求对象，

图1-7　北京门头沟三家店村龙王庙
（来源：王新征 摄）

图1-8　天津蓟县鲁班庙
（来源：王新征 摄）

这些作为崇拜和祈求对象的神灵都是具体的、人格化的。而作为中国传统社会另一种重要的文化和思想来源的儒家思想，在与民间信仰的相互影响与交流中也丰富着民间信仰崇拜对象的内容。但与道教、佛教等制度性宗教不同，儒家思想中并没有崇拜人格化神灵的内容，而更多的是对一种抽象的、涵盖自然万物与人类社会的普遍秩序的尊重。相应地，这种对抽象的、非人格化的秩序的崇敬也影响着乡土社会的信仰体系。从整体上看，这种秩序被语焉不详地概括为"天道"，其对应的崇拜对象则被称为"天"；而在具体的表现形式上，则涵盖了从带有很强宗教意味的"轮回"观念，到同时带有强烈道德色彩的"因果"观念，以及更多归属于文化和审美范畴的"风水"观念等相当复杂的内容。这种对非人格化的抽象力量的崇拜与尊重通常并没有特定的空间场所和祭祀仪式，但因与乡土社会道德、政治、文化、审美等诸多方面的密切联系而具有不亚于制度性宗教的重要影响力。关于这一点，马克斯·韦伯也曾经论述说："神灵，特别是既被设想为天本身，又被设想为天王的天神（上帝）的在这里和全世界都一样的泛灵论与自然主义的多变的性格，在中国，恰恰在诸神中最强大的万能的神身上，越来越变成非人格的了，这与近东正相反，那里在泛灵论的半人格化的神灵和地方神之上又突出了那位人格化的超凡的造物主和世界的王位君主……不过，越来越受到重视的恰恰是最高的超凡力量的非人格性。"[1]"现在，人们的终极感觉已经不是超凡的造物主神，而是一种超神的、非人格的、始终如一的、永恒的存在，这种存在同时也是永恒秩序的无穷的作用。"[2]关于这一点对乡土聚落和传统建筑的影响，后文将有专门的论述。

5.被神化的人

中国传统民间信仰中崇拜与祈求对象的另一个重要的特征，就是来自历史和现实中的真实人物占据了相当大的比重。诚然，除了原始信仰中崇拜对象多来自人格化的自然外，较为成熟的制度性宗教——无论是多神宗教还是一神宗教——中也或多或少有来自真实人物的崇

[1]　马克斯·韦伯.儒教与道教.王容芬，译.北京：商务印书馆，1995：67.
[2]　马克斯·韦伯.儒教与道教.王容芬，译.北京：商务印书馆，1995：73.

拜对象。但通常来说，这些崇拜对象从"人"到"神"的转变过程往往是被强调的，佛教中关于乔达摩·悉达多 35 岁时悟道成佛和 80 岁时涅槃的记载就是典型的例子。也就是说，凡人可以成为崇拜对象（神灵），但必须是在经过某个特定的过程之后。在这个过程中，"人"转化为"神"，人与神的边界得以明确。而在中国传统乡土社会的民间信仰中，对这种人神之间的边界并没有刻意的强调。那些被作为供奉、祭祀、祈求护佑对象的人，大多数并不是因为他们由于某种原因成了神灵，而更多的是由于其作为人类个体所拥有的某种得到普遍认同的道德品质（忠义、节孝、诚信、善良、清廉等）或个人能力（智慧、勇武等），又或是其生前为族群、地域或行业所做出的某些重要的贡献（例如保家卫国、治理水患以及各种来源于真实人物的行业神等）。因此，决定其成为崇拜对象的主要原因是其作为人的特质，而非某种被赋予神格的成神过程。尽管出于信仰活动的需要，这种特质往往会被夸大甚至神化，但总体上仍是基于其作为人类个体的基本特征（图 1-9）。

6. 祖先崇拜

祖先崇拜的对象也是人，但限于与特定群体以宗族血缘关系相联系的人。在原始的氏族社会时期，血缘关系——母系血缘和父系血

图 1-9 福建泉州蔡清祠（来源：王新征 摄）

缘——曾经非常普遍地作为人类社会组织的基本纽带，并围绕血缘关系形成了社会组织和经济组织的基本单位——氏族。在其后，伴随着社会生产力的发展，越来越多的剩余劳动产品使得贫富差距日渐悬殊，阶级关系逐渐取代了血缘关系成为社会关系的主导。在很多文明的历史中，制度性宗教的兴起进一步降低了血缘关系的重要性，而商业贸易在社会经济结构中比例的提高使得个体摆脱了对土地的依赖，在削弱地域性的同时也削弱了基于聚族而居模式的家族血缘的凝聚力。这也可以从相反的角度来解释中国传统社会中家族血缘关系何以具有长久的生命力：相对弱势的制度性宗教无法对家族血缘关系系统构成强有力的冲击，而作为官方意识形态的儒家思想则几乎从一开始就与宗族文化紧密地结合在一起，并在发展中逐步明确了以家庭关系为核心的"家国天下"同构的秩序体系。同时，农业社会对土地的高度依赖所导致的聚族而居的居住模式也进一步强化了宗族血缘关系在整个社会结构中的重要作用（图1-10）。

需要指出的是，对人——包括杰出的人物和宗族的祖先——的崇拜在某些方面和对神灵的崇拜是存在区别的。前文曾经提到，在传统的中国民间信仰中，人神之间的关系不是"信仰—被信仰"的关系，而是"祈求—回应"的关系。评价神的价值标准是是否"灵验"，即

图1-10 浙江东阳卢宅村卢宅（来源：王新征 摄）

是否能够回应人的祈求福祉、禳除灾祸的诉求，灵验的神将会被修建更多的寺庙、塑像，得到更多的香火，人神之间本质上是一种契约或者交易关系。这种契约关系实际上削弱了人对神的敬意，将人和神置于一种相对平等的地位上。关于这一点，一个典型的例子是传统时期在各地普遍存在的"晒龙王"祈雨活动。晒龙王仪式的具体形式各地有所差别，但总体上都是在长期干旱、通常形式的祭祀祈雨没有效果的情况下，将主管降雨的龙王抬到烈日下暴晒来祈雨的做法。其中既有久旱祈雨不成迁怒神灵的意味，也有以暴晒威胁神灵的目的，总之更为重视与神灵交流的实质性结果而缺少尊敬。虽然并非都表现得如此极端，但这种对人神关系的界定实际上在传统乡土社会民间信仰中普遍存在。在对于人的崇拜中，无论对象是杰出人物还是宗族祖先，其中功利性的色彩相对来说要少得多。尽管祭祀活动往往仍然带有祈福禳灾的目的，但总体上契约和交易的意味已经被大大淡化。同时，完全非功利性、仅仅用以表达尊重、敬意和怀念的祭祀活动也占据了不小的比重。与神灵祭祀的功利性和契约形式相比，对人的祭祀很多时候是无条件的。关于这一点，甚至可以说，"敬人不敬神"是中国传统社会民间信仰在祭祀对象方面的重要特征之一。这种对人神差异的认识又与主导哲学观念和社会道德体系中对天地人神关系的认识紧密地结合在一起。

2 信仰、文化与建成环境

就民间信仰活动和信仰文化对中国传统乡土社会建成环境的影响而言，一方面各种类型的民间信仰通常都有对应的建筑或构筑物作为其物质载体，提供供奉的空间，同时也作为祭祀、祈福等相关的信仰活动发生的场所；另一方面，信仰活动从一开始就持续影响着乡土建筑的功能格局与建筑形式，从而在很大程度上塑造着乡土社会建成环境的整体面貌。

2.1 神灵与庙宇

与前述中国传统乡土社会中民间信仰崇拜对象的特征和类型相对应，乡土聚落中的信仰类建筑也大体涵盖了如下类型。

1. 乡土环境中的制度性宗教建筑

鉴于中国传统社会中民间信仰的重要影响力，以及制度性宗教和民间信仰之间持续性的彼此影响与融合，聚落等乡土社会环境中的制度性宗教建筑，往往也受到地域民间信仰活动、信仰文化以及地域建筑形式的影响，从而表现出与正统形式存在差异的功能组织和建筑形式特征。与纯粹的民间信仰建筑相比，制度性宗教的寺观建筑通常规模较大，功能完善，形式特色鲜明，因此往往成为乡土聚落中信仰活动的中心，在聚落整体空间结构中也占据重要的位置（图2-1）。

2. 自然信仰的庙宇

在长期农业经济结构占据绝对主导地位的传统乡土聚落中，自然信仰的庙宇占有非常重要的地位。传统农业生产对日照、降水、河湖、地貌等自然要素的极度依赖，使人对自然力量的祭祀活动具有深厚的社会经济基础。其中，分布相对普遍的包括土地庙、山神庙、水神庙等反映农业社会人与土地密切关系的庙宇，以及对农业生产影响最大的基于传统乡土社会对气候变化理解的雨神庙、雷神庙、风神庙、雹神庙等类型，作为传统农业社会信仰活动中最重要组成部分之一的龙王崇拜，都可以视为自然信仰的一种延续。此外，源于人类社会早期自然信仰的动物图腾崇拜在一些地区也延续到相当晚近的时期。自然信仰庙宇一般规模不大，形制简单，建造技术和装饰技艺因地制宜、不拘一格，反映了自然信仰作为小传统的民间信仰的特征（图2-2）。

3. 行业信仰的庙宇

行业信仰的庙宇反映了与人类生产活动相关的信仰文化。其中与农业生产相关的信仰建筑当然是其中最为重要的一个组成部分，例如龙王庙、土地庙、农神庙、谷神庙、雹神庙、牛王庙等，且与自然信仰之间存在着一定程度的重叠。其他行业信仰类庙宇的分布则与地域的产业状况密切相关，例如鲁班庙、盐宗庙、伯灵翁庙、陶师庙、黄道婆庙、酒神庙、茶神庙、扁鹊庙、妈祖庙等，这些庙宇都反映了所处地域当时的生产状况，同时往往与行会等民间业缘组织的活动有较为密切的联系，在某些情况下也承担行业会馆的部分功能（图2-3）。

图2-1 云南大理剑川沙溪古镇兴教寺
（来源：王新征 摄）

图2-2 广东澄海樟林古港风伯庙
（来源：王新征 摄）

图2-3 江苏扬州盐宗庙
（来源：王新征 摄）

4. 神灵信仰的庙宇

如前文所述，中国传统乡土社会民间信仰的崇拜对象，来源非常复杂和多样，包括早期的自然信仰、制度性宗教、生产生活相关的崇拜与祭祀活动，以及真实的人物等。在各种来源的崇拜对象中，都有一部分被明确地赋予神灵身份，并共同构成了民间信仰中的神灵体系。供奉、祭祀这些神灵的庙宇也构成了传统乡土社会民间信仰中最主要的一部分，例如龙王庙、盘古庙、女娲庙、祝融庙、五道庙、二郎神庙、伏羲庙、盘王庙、八仙庙，以及各类鬼灵崇拜、精灵崇拜的庙宇等（图2-4）。

5. 祖先崇拜的祠堂、家庙

祖先崇拜与宗族信仰旺盛的生命力和普遍性，是传统中国乡土社会最为重要的信仰特征和文化特征之一。家庭是中国传统社会的基本单元，血缘关系是中国传统社会特别是乡土社会最为重要的社会关系，也是乡土聚落的基本社会结构得以维系的基础。围绕家庭结构和血缘关系展开的活动，也相应地成为乡土聚落信仰活动中最为重要的组成部分。作为祖先崇拜与宗族信仰主要空间载体的祠堂、家庙，在很多地区的乡土聚落中也成为民间信仰建筑中最为重要的组成部分，甚至整个聚落空间结构的中心（图2-5）。

6. 人物信仰的祠庙

如前文所述，在中国传统乡土社会的民间信仰中，对人神之间的边界并没有刻意的强调。很多被作为供奉、祭祀、祈求护佑对象的人，并不是因为他们由于某种原因成为神灵，而更多地是由于其作为人类

图2-4 山西介休张壁古堡二郎庙
（来源：王新征 摄）

图2-5 浙江永康厚吴村吴氏宗祠
（来源：王新征 摄）

个体所拥有的某种得到普遍认同的道德品质、个人能力或为族群、地域或行业所做出的重要贡献。这一类源于真实人物的崇拜对象的祭祀场所，通常被称作公祠。而那些被神化成为神灵，特别是受到过世俗政权敕封为神的人，则通常以庙宇的形式供奉。这类供奉、祭祀真实人物的祠庙在各地乡土聚落中的分布也非常广泛，例如关帝庙、张飞庙、禹王庙、妈祖庙、狐突庙、神农庙、财神庙、城隍庙、川王宫，以及一些本主信仰的本主庙等（图2-6）。

此外，在传统乡土社会环境中，民间信仰的载体形式是非常灵活和多样的，除了上述的独立建造的庙宇建筑外，相当数量的供奉、祭祀场所并不依附于专门的建筑，而是与聚落中的其他功能性建筑和空间伴生的，例如结合廊桥等交通设施、水井等生活设施设置神龛、神像。同时，很多与家庭生活相关的民间信仰，其崇拜活动通常与家庭生活紧密结合在一起，因此也并不建造庙宇等专门化的祭祀场所，而是与民居建筑相结合（图2-7）。这种建筑类型之间的伴生、重叠，一方面是因为乡土环境中建造成本受到严格的限制，另一方面也反映出传统乡土社会民间信仰的复杂性，以及与聚落日常生产生活之间的紧密联系。

2.2 意义与形式

除了上述直接服务于信仰活动的庙宇、祠堂等建筑类型外，民间信仰活动和信仰文化对乡土聚落建成环境的影响还体现在更为广阔和

图 2-6　四川大邑新场镇川王宫
（来源：王新征 摄）

图 2-7　云南大理剑川沙溪古镇欧阳大院神龛
（来源：王新征 摄）

深远的层面。特别是当从历史的角度追溯中国传统建筑的形式起源时，就能够看到信仰活动在其中所产生的持续性的重要影响。

例如，世俗政治制度和民间信仰而非制度性宗教在中国传统社会的精神领域长期居于主导地位的状况，是中国传统合院式建筑形态演变中重要的影响因素。其中一个重要的方面是合院形态是否具有精神意义上的中心，或者说合院形式是否具有向心性，是否包含具有明确意义的精神中心要素是合院形态原型意义的重要分野之一，同时也是合院式建筑地域特性的重要表现之一。中国传统佛教寺庙中佛塔在整体布局中位置和重要性的演变过程，很明确地展示了一个纯粹精神要素从合院形式中逐渐退出并最终彻底消失的过程。在寺庙建筑中无论是佛塔还是佛殿都是精神空间，但相对于佛殿供奉佛像和容纳法事活动的功能性来讲，佛塔几乎是纯粹的精神要素。在后期的佛寺中，佛塔虽然一定程度上存在，但其登高远眺的功能意义已经凌驾于精神意义之上。

总体上看，在发展到成熟阶段的中国传统建筑中，无论是民居还是公共建筑，在合院形态中仍然保持有精神中心要素的例子是非常少的。有些研究者甚至因此认为"空"或者"虚无"可以被视为中国传统合院中的精神要素，基于这种认识发展出一整套将这种"空无"上升为一种建筑要素并赋予意义的理论，并将这种对"空无"意义的重视与中国传统文化中对"阴性"意义的强调甚至远古的母神崇拜联系在一起。这种观点有过强的神秘主义倾向，并且缺乏有力的建筑学和心理学证据的支持，因此并不具有说服力。更重要的原因，还是在于传统社会精神信仰世界的世俗化特征。

事实上，中国传统建筑发展到后期，在建成环境中遗留下来的精神要素更多的是建筑本身。这类建筑在容纳一定实用功能的同时，保持了相对较为强烈的精神性。在古代官学国子监建筑中，保持了传统的明堂辟雍的形制。位于院落中央的辟雍，虽然也具有供皇帝讲学的功能，但其象征意义大于实际功能意义，一定程度上保持了原始建筑中精神中心要素的内涵（图2-8）。而在传统的坛庙建筑中，仅仅用于祭祀的坛庙则更为接近精神要素的本源意义，这种建筑类型也是今

图 2-8 北京国子监辟雍
（来源：王新征 摄）

天还能看到的为数不多的在院落中保持了精神中心要素的实例。在乡土建筑中也有这样的例子。在福建客家土楼民居中，位于居住建筑所围合的大的院落中心的家庙或祠堂，作为整个家族的信仰中心具有典型的精神中心要素的意义。而在一些地区的祠堂建筑中，格局上也部分保留着向心性合院布局和中心的精神性要素的痕迹（图 2-9）。

关于这一点另一个有意思的例子是风水。作为中国传统文化中最为重要也最为复杂的图式之一，在风水的形式中，能够看到与中国传统合院建筑类似的组织和序列样式。从作为风水观念起源的五行学说来看，这是一种原始的对于世界构成结构的解释。按照五行要素与方位的对应关系来看，这种观念在形态上仍然体现为一种向心性的图式，这一点在一些原始形态的祭祀类建筑中也有所体现（图 2-10）。但其后发展成熟的风水图式却以中轴对称的形态为主，并且格外强调"前""后"的方向之别，这实际上与合院建筑中的空间序列组织非常相似。

图 2-9　浙江兰溪长乐村金大宗祠（来源：《考工记译注》）

还有一个例子是关于精神意义在中国传统建筑屋顶形式演化中所起的作用。严格意义上讲，屋面只是建筑围护体系中的一部分，但对于中国传统建筑来说，屋顶的意义是如此的重要，以至于必须将其作为一个独立的要素来加以讨论。屋顶是中国传统建筑最重要的形式特征，在官式建筑以及部分乡土建筑类型中，屋顶在形式和象征意义方面的重要性都要远远高于围护墙体，而中国传统建筑木结构体系的基本逻辑，在很大程度上是围绕支撑屋顶和满足屋顶形式的构造需求展开的。只有在部分地区的乡土建筑中，凭借封火山墙等地域性的围护墙体形式，墙体才获得了超越屋顶的视觉表现力。

　　从建筑的起源意义上来讲，屋顶无疑是最具建筑学本源意义的建筑要素。屋顶在自然中为人类遮风避雨，是建筑产生的原因。从这个意义上讲，屋顶所具有的功能意义和象征意义都是无法取代的（图 2-11）。在为人提供了遮蔽雨雪、阳光的庇护所的同时，屋顶将人的视野与天空分隔开来。鉴于在原始信仰中天空所具有的重要意义（在几乎所有的原始神话中天空都是重要神灵居住的场所甚至就是神灵本身），这种遮断指向天空视线的行为不可能不要求某种补偿。因此，屋顶在视觉意义上还

图 2-10　东周漆器残纹上的明堂复原图
（来源：王新征 摄）

图 2-11　几内亚聚落中搬家的场景
（来源：《没有建筑师的建筑：简明非正统建筑导论》）

充当着天空的替代者的角色，在天空不可见的情况下提供向上视线的归宿。一些文明的原始神话中认为天空是一个支撑在柱子之上的巨大的圆形屋顶，而类似"天似穹庐，笼盖四野"[1]这样的比喻更是出现在很多原始文学中，这一定程度上是对屋顶与天空的同构意义的反映。从这个意义上讲，屋顶要素具有明确的向内的方向性，即屋顶的视觉效果首先应考虑自下而上视角的需求。以上意义在实际建成环境中体现为对屋顶的装饰意义的关注。在很多建筑传统中，对屋顶装饰意义的关注甚至要超过对墙面装饰意义（而后者从起源意义和难易程度上来说，本应该是装饰的主体对象）的关注（图 2-12）。并且，在一些屋顶装饰中，的确还保留着将建筑模拟为天空的痕迹。

图 2-12　中国传统建筑的天花（来源：王新征 摄）

屋顶所具有的方向性的另一个体现是：在大多数建筑传统中，对屋顶外部的关注远不及对其内部的关注。屋顶外部的设计大多数情况下仅仅出于坚固、排水、施工等功能性的理由。在西方的建筑传统中，尽管也出现过拱顶、穹顶等样式丰富的屋顶形式，但追溯这些屋顶形式的起源几乎都是更多地基于室内空间的考虑。由于建造多层建筑的做法一定程度上挑战着屋顶作为室内空间与天空之间界面的意义，直到近代以前，教堂等重要的大型公共建筑的主要空间仍然是单层的。相对来说，中国传统建筑是为数不多的特别重视屋顶的外在形式并且赋予了这种形式以形而上意义的建筑系统。就官式建筑来说，屋顶在直观的视觉形象上的重要性显然就要超过垂直围护结构。尽管一直以来关于中国传统建筑的构图有由台阶、屋身、屋顶构成的三段式的说法，但在绝大多数情况下，无论是基于视觉形式还是意义表达，又或是其自身所展现的丰富性而言，台阶和屋身都不可能获得与屋顶相匹

---

[1]　出自南北朝时期敕勒族民歌《敕勒歌》，穹庐指游牧民族居住的毡房。

敌的重要性。

除了在直观的视觉形式中所呈现的重要性外，就营造技术体系而言，屋顶形式是中国传统建筑营造体系诸多重要特征得以成立的基础和目的之所在，甚至可以说，在很大程度上，中国传统官式建筑建造体系的最终目的，就是支撑屋顶并维持屋顶的形态。例如从最基础的层面来看，宋代《营造法式》中殿堂式木构架体系中铺作层的存在意义，就在于在标准化、带有很强功能主义意味的柱额层之上，承托形态多变、彰显建筑形态特征的坡屋顶。营造制度中复杂的"举折"与"生起"，都是为了塑造屋顶的曲面形态。而官式建筑中的斗拱以及乡土建筑中的牛腿、斜撑等构件，其功能在很大程度上都是为了支撑屋顶深远的出檐。无论是在官式建筑还是乡土建筑中，从这些檐口结构构件在整个建筑装饰体系中所占据的地位，都可以看出其所受重视的程度（图 2-13）。诸如此类的例子举不胜举，都充分说明了屋顶形式在整个中国传统建筑营造体系中所处的核心地位。

对于中国传统建筑中屋顶的重要地位，以及中国传统建筑屋顶所具有的曲面形态、出檐深远等形式特征的原因，长期以来诸多研究者已经给出了不同的解答，大体包含如下几个方面。首先是自然地理环境的影响。例如认为出檐的深远来自保护木制的屋身部分免遭雨淋的

图 2-13 安徽祁门渚口村贞一堂出檐与斗拱（来源：王新征 摄）

需要，同时在夏季也更有利于遮阳，而曲线形式的屋顶则在出檐深远的情况下更有利于纳入冬日角度偏斜的日光，也可以使屋面的雨水排得更远。甚至有观点认为曲面形式的屋顶在保持屋脊高度的同时缩减了屋顶部分的截面面积，从而有助于减小侧向的风压。其次是社会文化和美学的因素。例如认为曲面形式的屋顶是北方地区游牧生活时期帐幕建筑屋顶形式的遗存，又或者与汉民族美学传统对曲线的偏爱有关。又如认为深远的出檐明显进一步加大了屋顶在整个建筑立面形式中的比重，同时屋檐的阴影与阳光照耀下的屋顶形成鲜明的对比，强化了屋顶相对于屋身的视觉优势。最后是整个建筑技术体系整体发展的结果。例如在建筑整体以单层为主的前提下，想依靠屋身的围护体系给人以深刻的视觉印象是非常困难的，相对来说，凸显坡屋顶的形象显然要容易得多。对于曲线形的屋顶形式，也有观点认为在传统的技术水平下，曲面屋顶较之直线屋顶更易于施工并在长期使用中保持相对稳定的形态。

以上论述揭示了中国传统建筑中屋顶形式演化的部分原因，而从本书研究的角度来看，传统社会的精神信仰状况也在其中起到了重要的作用。西方等建筑传统中对于屋顶的高度、垂直性和室内装饰的重视，本质上仍是将屋顶视为天空的替代者，象征着接近神灵所居住的天国。这一点在制度性宗教的背景下显得尤为重要。而在中国传统社会，屋顶形式更重要的意义并非向神灵致敬，而是在于表达和强化世俗的社会秩序。《史记·高祖本纪》中记载："萧丞相营作未央宫，立东阙、北阙、前殿、武库、太仓。高祖还，见宫阙壮甚，怒，谓萧何曰：'天下匈匈苦战数岁，成败未可知，是何治宫室过度也？'萧何曰：'天下方未定，故可因遂就宫室。且夫天子以四海为家，非壮丽无以重威，且无令后世有以加也。'高祖乃说。"在这里，萧何认为宫殿应该体现帝王的威严，并使后来者难以超越，这体现了在实用功能之外，对建筑的形象和纪念性的要求。类似的观念也出现在诸多的文献记载当中。在《史记·卷一百三十·太史公自序第七十》里面，司马迁在评价儒家时说："夫儒者以六蓺为法。六蓺经传以千万数，累世不能通其学，当年不能究其礼，故曰'博而寡要，劳而少功'。

若夫列君臣父子之礼，序夫妇长幼之别，虽百家弗能易也。"司马迁虽然批评儒家"博而寡要，劳而少功"，但仍然认为其对君臣、父子、夫妇、长幼的等级关系和社会礼仪的强调是非常必要的。这实际上和萧何对"非壮丽无以重威"的强调类似，即虽然强调建筑的"壮丽"，但并非出自基于建筑本体的形态学的考虑或者视觉审美的理由，更不是为了满足超越性的宗教信仰的需求，而是出自体现帝王威严的考虑，成了一种政治统治的需要。正如《礼记·礼器第十》中所说："礼，有以多为贵者：天子七庙，诸侯五，大夫三，士一……有以大为贵者：宫室之量，器皿之度，棺椁之厚，丘封之大。……有以高为贵者：天子之堂九尺，诸侯七尺，大夫五尺，士三尺；天子、诸侯台门。"在这里，这种建筑尺寸、高度、组织形式上的差异成为地位等级差异的象征。这种需求在后世的发展中得到了进一步的强化，就产生了严格的建筑等级制度，对于建筑的平面组织、尺寸、高度、屋顶形式、开间数量、结构与构造乃至装饰性细部，都有按照等级划分的明确规定。

这种以建筑来体现等级差异、彰显帝王威严的做法最为集中地体现在传统时期的宫殿建筑中。宫殿建筑有用于居住的部分，却不仅仅具有居住功能。一般来说，在皇家的宫殿中除了居住部分的殿堂和园林外，还会包括用于行政办公的部分，在这两部分之间一般会有明确的功能分区。同时，除了实际的使用功能外，宫殿建筑另一个重要的作用是用来体现帝王的威严，这一点才是宫殿建筑和居住建筑之间最大的区别。"非壮丽无以重威"观念更为典型的体现是传统的坛庙建筑。如天坛、社稷坛等官方祭祀建筑，这是中国传统建筑中很特殊的一种建筑类型。在西方文明和伊斯兰文明中，在形成了统一的、优势性的一神崇拜体系后，原有的原始崇拜基本上已经消亡。而在中国，一直没有形成具有压倒性优势，并且对世俗政治有较大影响力的宗教，同时，佛教、道教等主流宗教都不具有强烈的排他性，这使得中国的原始信仰以及相应的祭祀仪式一直流传了下来。无论是民间祭祀山神、土地和自然精怪的习俗，还是帝王主导的带有强烈政治性的祭祀天地的活动，乃至从官方到民间普遍性的供奉和祭祀祖先的行为，都具有强烈的原始信仰的痕迹。其仪式和祭祀行为也不指向人格化的神，这些原始崇拜仪式、儒家文化中的自然观念和社会秩序追求结合在一起，成为中国文化传统中宗教之外的另一种重要的精神力量。无论是宫殿建筑对世俗政治秩序的表达，还是坛庙建筑通过"受命于天"的祭祀仪式为政治统治的合法性背书，屋顶形式的外部表达都成为最为显著的视觉要素（图2-14）。正是在此基础上建立起在传统建筑体系中屋顶形式无可比拟的重要性，及其对中国传统建筑单体形态、建筑组群形态乃至聚落与城市天际线的重要影响。这种影响很多时候甚至超越了建成环境的范畴，扩展到心理和文化领域。而在民间的层面上，对于中国传统居住建筑来说，屋顶具有稳定的与"家"的意象相联系的文化意义。在中国早期的象形文字中，"家"字上面的"宀"本来就是双坡屋顶的意象，在其他一些与家庭生活有关的文字中也可以看到这种原始意象的反映（图2-15）。甚至可以说，在中国的文化传统中，坡屋顶的意象从一开始就和对"家"的属性的认识紧密地结合在一起。

2.3 天道与自然：信仰、文化与审美

除了功能上直接与精神信仰相关的祭祀、崇拜、纪念性的建筑类型，以及信仰活动对建筑形式的意义表达的影响之外，宗教等精神信仰活动也在更广阔的范围和更深刻的程度上影响着整个社会文化。与前文所述的传统中国乡土社会的信仰状况和文化状况相对应，具体到

图2-14　福建泉州府文庙大成殿　图2-15　甲骨文、金文、大篆、小篆中的
（来源：王新征 摄）　　　　　"家"字（来源：王新征 绘制）

与聚落结构和建筑形式关系最为密切的层面，这种影响在两个方面体现得最为显著，其一是对秩序观念的影响，其二则是对自然观念的影响。而这两个方面正是中国传统建筑在形态方面一直表现得非常明显的两个特征。在对秩序的重视方面，无论是建筑群体中方位、轴线、对称、主次和空间序列的组织，还是对建筑单体形态严格的等级制度规定，均体现了为建造行为赋予某种整体性秩序的强烈主张，并且这种秩序往往超越了纯粹形态的范畴。在对自然的关注方面，则体现在从大规模的皇家园林到方寸之间的私家园林，乃至更小空间内的庭院景观等各个层面对自然山水的摹仿之中。

通常意义上，上述两者被认为是对立的甚至是矛盾的。在强调秩序感的建筑传统中通常会将这种对秩序的诉求加之于自然造物之上，而对自然的热爱则往往会压制对建筑秩序感的要求。其中前者的典型案例可见于法国古典主义时期的建筑和园林，后者在日本传统建筑和园林中有较为明显的体现。在中国传统建筑中，对秩序的重视和对自然的偏爱在大多数时候处于并存的状态，很难去分辨二者之中哪一个居于更为主导的地位。如果从一个更广阔的空间范围来看的话，考虑到大多数建筑传统中的状况，这种秩序与自然的共存实际上具有一定的独特性。

中国传统文化中对秩序和自然的高度关注有着复杂的原因，其精神信仰因素在其中占据着重要的位置。

在对秩序的强调方面，从考古发掘的成果看，至迟到西周时，中国建筑中已经有了明确的对建筑秩序性的追求。在陕西岐山凤雏村发现的西周建筑（关于这组建筑具体的建造时间和性质还存在争议，一般认为在商末到周初前后，功能是宫殿或者宗庙）中，已经有了明确的轴线对称、内外、序列等建筑秩序的组织。得益于中国传统上对历史书写的重视，今天能够看到很多成型于西周时期的历史文献。在这些历史记载中，可以看到在那个时期的建造活动中对秩序的重视，其中最典型的例子就是《周礼·冬官·考工记》。

关于《考工记》的成书时间，学界存在不同的观点，从西周到战国的说法都存在，春秋后期到战国初期是得到较多支持的观点。无论上面的说法哪个确切，从内容上看很明显都是对周代的科学技术和相关制造制度的记述。在其中的"匠人"一篇中，主要记载了有关城邑、建筑、水利工程等建造工程方面的内容。[1]

《考工记·匠人》篇不足 600 字的篇幅，涉及了测量定位、城邑规划、建筑历史（对夏、商建筑形制的描述）、宫城建筑、灌溉工程、泄洪沟渠、防洪堤坝、民用建筑、道路工程等那个时代营建活动中可能包含的全部内容。其中很明显的一点是，在有限的篇幅中，著者的注意力并不是主要放在工程技术层面的描述上，而是集中于形态的"规定"上。这些规定中有少数来自功能和技术上的原因，但绝大部分并非如此，特别是那些详细的尺寸规定，显然并不是功能和技术所能完全决定的。关于这一点，可以与西方历史上较早的一部系统阐述建筑相关内容的理论著作《建筑十书》相比较。在《建筑十书》的十个篇章中，只有较少部分的内容涉及对建筑形制的明确规定，在这当中又有相当的部分集中于对柱式等细节问题的讨论，而不是对整体的建筑空间组织形态的图式化的规定。除此之外，绝大多数篇幅都是关于建造技术方面的描述。从这一对比中可以很明显地看出《考工记·匠人》中对城市和建筑的形态规定远远超出了对建造技术的描述。

《考工记》中的这种叙述倾向实际上代表了中国传统上对建筑形态问题的一种典型的态度，即不仅仅将建筑形态问题视为单纯的功能问题或者美学问题，而是需要在其中加诸某种秩序的表达。这具体体

---

[1] "匠人建国。水地以县，置槷以县，眡以景。为规，识日出之景与日入之景。昼参诸日中之景，夜考之极星，以正朝夕。匠人营国。方九里，旁三门。国中九经九纬，经涂九轨。左祖右社，面朝后市，市朝一夫。夏后氏世室，堂修二七，广四修一。五室，三四步。四三尺。九阶。四旁、两夹，窗，白盛。门，堂三之二，室三之一。殷人重屋，堂修七寻，堂崇三尺，四阿重屋。周人明堂，度九尺之筵，东西九筵，南北七筵，堂崇一筵。五室，凡室二筵。室中度以几，堂上度以筵，宫中度以寻，野度以步，涂度以轨。庙门容大扃七个，闱门容小扃三个，路门不容乘车之五个，应门二彻三个。内有九室，九嫔居之；外有九室，九卿朝焉。九分其国，以为九分，九卿治之。王宫门阿之制五雉，宫隅之制七雉，城隅之制九雉。经涂九轨，环涂七轨，野涂五轨。门阿之制，以为都城之制；宫隅之制，以为诸侯之城制。环涂以为诸侯经涂，野涂以为都经涂。匠人为沟洫。耜广五寸，二耜为耦。一耦之伐，广尺、深尺，谓之畎。田首倍之，广二尺、深二尺，谓之遂。九夫为井，井间广四尺、深四尺，谓之沟。方十里为成，成间广八尺、深八尺，谓之洫。方百里为同，同间广二寻、深二仞，谓之浍。专达于川，各载其名。凡天下之地势，两山之间，必有川焉；大川之上，必有涂焉。凡沟逆地防，谓之不行。水属不理孙，谓之不行。梢沟三十里而止。凡行奠水，磬折以参伍。欲为渊，则句于矩。凡沟必因水势，防必因地势。善沟者，水漱之；善防者，水淫之。凡为防，广与崇方，其绝三分去一，大防外绝。凡沟防，必一日先诸之以为式，里为式，然后可以傅众力。凡任，索约，大汲其版，谓之无任。葺屋三分，瓦屋四分，囷、窌、仓、城，逆墙六分，堂涂十有二分，窦，其崇三尺，墙厚三尺，崇三尺。" 闻人军，译注. 考工记译注. 上海：上海古籍出版社，2012：110-127。

现在两个方面。

一是将建造行为和建成环境置于某种秩序控制之下的欲望。《考工记》的篇章被置于《周礼》之中的做法本身就说明了这一点。《周礼》内容庞杂，包括了政治、信仰、外交、历史、地理、天文、历法、工程、农业、教育、民俗等诸多方面的内容。而这些方面的内容能够被整合在一部论著中，关键就在于其以之为名的"礼"字。在这里，"礼"所代表的意义，就是一种普遍性的秩序。这种秩序既包括了自然秩序，也包括了社会秩序；既包括了广阔的天地和国土之内的秩序，也包括细微的工具器物之中的秩序；既包括体现为城市、建筑等现实可见之物的秩序，也包括存在于社会、文化、制度中的无形的秩序。并且，在中国文化中，所有的这些秩序在本质上是近似的，都是对更广泛意义上的所谓"天道"的一种反映（注意这里所说的天道并非一种自然观或者宇宙观，而是一种社会观意义上的世界观）。因此，《周礼》中将上述诸种事物放在一起加以论述的根源就在于认为这些社会生活中的各个方面都应该置于统一的秩序之下来进行。包括城市和建筑在内的建成环境作为社会生活的基本背景，显然也在这个秩序控制的范围之内。

二是通过某种图式化的形态来体现这种秩序。在中国建筑中，绝大多数图式（在这里，"图式"一词指建筑要素之间图形化的组织方式）既不是来自自然或者宇宙图景，也不是来自宗教中的某种精神理念，而是来自一种社会秩序的表达。在《考工记》中，对城邑结构的描述按照方格网的图式来展开，并且在"匠人"篇的一开始就提到要测量和定向，显示出对建成环境的方向系统的重视。借由这种方向系统，方格网的图式与更广阔范围内的秩序联系了起来。同时，在"匠人"篇中还描述了农田灌溉水系的形态，同样以方格网作为基本图式，即著名的"井田制"。在这里，城邑建筑和农田水利这两种截然不同的事物，被用同样的图式从形态上控制起来，这也清楚地说明了这种形态控制与功能或者美学意义关系不大，而是出于一种自上而下将一切置于一种统一的秩序控制之下的思路（图2-16）。

如果说在西周时期，这种对理想化的社会秩序的追求还只是存在

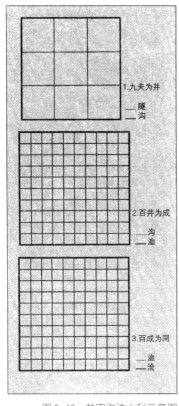

图 2-16 井田沟洫水利示意图
（来源：《考工记译注》）

于部分统治者和学者当中的一种不甚清晰的认识的话，那么自汉代开始，这种理想则被以一种制度化的方式从国家统治的角度确立下来。从董仲舒的"罢黜百家，独尊儒术"开始，经过改造的儒家思想成了中国历代中央政府的主导意识形态，并一直延续到近代。其中，对普遍性的理想秩序的追求，成为这种意识形态中最为重要的内容之一。因为正是这种将社会生活各个层面的秩序与一种更广泛意义上的"天道"联系起来的做法，为封建王朝政府大一统的中央集权统治，提供了最为理想的政治解释，即"受命于天"。自此开始，中国传统时期的文化，就从来没有离开过这种对理想秩序理念的追求，并且深刻地体现在包括建筑在内的中国社会生活的各个领域之中。

在中国传统文化中，"天道"所代表的秩序，并非单纯指一种自然科学意义上的规律，也不是来自某种宗教意义上的"造物主"的意志，而更多地来自对人与人之间关系的理解，即一种社会学意义上的秩序表达。这种对广义上的社会秩序的强调，与中国传统文化中作为主流意识形态的宗教的缺失在很大程度上是紧密联系在一起的。

在对自然的热爱方面，则更多地体现出道教、佛教等宗教文化与儒家思想、民间文化之间的相互影响与融合。具体地说，主张"无为而治"的道家思想在汉代初期政治中影响很大，但"罢黜百家，独尊儒术"之后，因为其不适应政府加强中央集权的需求逐渐被儒家思想所取代，但这并不意味着道家思想从此丧失了对中国传统文化和精神生活的影响力。事实上，在传统中国社会中，道家思想和儒家思想始终是影响中国人精神世界的最重要的两条线索（佛教虽然是中国最重要的宗教，但从对中国文化的影响看，佛教思想并没有成为中国文化中独立的思想来源。在进入中国之后的本土化进程中，它的思想很大程度上被中国文化所同化，并部分地与儒家或道家的思想结合在一起得到流传）。其中，儒家思想的影响途径与官方文化结合得更为紧密，而道家思想在很大程度上丧失了对中央政府的影响力之后，对中国人精神生活的影响途径则转移到了民间。

二者影响的直接交集是读书人、知识分子或者所谓的儒生们。从隋朝开始实行科举制以来，读书人实际上成为中国上层社会和底层社会之间最重要的文化交换渠道，成为中国社会大传统与小传统的结合之处。这部分源于"读书—科举—为官—回乡"这一直接的人员流动所带来的文化交流，另外可能更为重要的原因则是来自知识阶层自身对两种文化的整合，这实际上与中国知识分子精神世界的二重性有关：当在科举、仕途中一帆风顺时，他们遵循儒家的教诲，以天下兴亡为己任，以"修身齐家治国平天下"为人生理想；而当屡试不第、仕途坎坷，或者人生中有心灰意冷之时，他们则往往倾向于信奉黄老之道，勤习书画，主张寄情于山水田园的隐逸生活。

在这个方面，被认为是中国最早的田园诗人的陶渊明就是一个代表。在厌倦仕途，辞官归隐之后，他写下了大量描写山水林池和田园生活的作品，描绘了"采菊东篱下，悠然见南山"的家居生活意境。而《桃花源记》对这种生活情趣和居住理念的描述最为典型和具体[1]。

《桃花源记》生动地描绘了避世隐逸、与世隔绝、居于山水田园之间的生活场景。这种与《考工记》中的建筑与城市理想完全不同的居住理念代表了中国文化中的反秩序情结。与投身于"社会—国家—天下"的整体秩序之中的儒家理想相比，这种避世隐逸的态度则遵循

---

[1] "晋太元中，武陵人捕鱼为业。缘溪行，忘路之远近。忽逢桃花林，夹岸数百步，中无杂树，芳草鲜美，落英缤纷。渔人甚异之，复前行，欲穷其林。林尽水源，便得一山，山有小口，仿佛若有光。便舍船，从口入。初极狭，才通人。复行数十步，豁然开朗。土地平旷，屋舍俨然，有良田美池桑竹之属。阡陌交通，鸡犬相闻。其中往来种作，男女衣着，悉如外人。黄发垂髫，并怡然自乐。见渔人，乃大惊，问所从来。具答之。便要还家，设酒杀鸡作食。村中闻有此人，咸来问讯。自云先世避秦时乱，率妻子邑人来此绝境，不复出焉，遂与外人间隔。问今是何世，乃不知有汉，无论魏晋。此人一一为具言所闻，皆叹惋。余人各复延至其家，皆出酒食。停数日，辞去。此中人语云：'不足为外人道也。'……"

了道家思想中脱离社会、摆脱秩序的束缚、回归本心的理想。

在现实中，这种摆脱秩序的倾向一般体现为对自然的追求。因为在中国文化中，通常意义上的秩序都是指向对社会的控制，而不是对自然的控制。换言之，自然并不在儒家理想世界秩序控制的范围之内。《庄子·齐物论》中说："六合之外，圣人存而不论；六合之内，圣人论而不议；春秋经世先王之志，圣人议而不辩。"这句话虽是来自道家，但是被后世的儒家反复引用，因为它很符合中国传统知识界和文化界对世界与自然范畴关系的一个界定。也就是说，这世界上的事情，有些是我们知道有但我们不去提它的，有些是我们提到但也不会去管它的，这是中国传统世界观中很重要的一个特征。儒家文化或者说整个中国传统文化中对待自然的态度就是这样，自然被视为社会秩序之外的、非理性的、与秩序相对立而存在的事物或者环境。因此，当一个人选择了隐逸生活，选择了回到自然之中，他就已经不在这个社会秩序的控制之内，不再受到这个秩序的制约，他的所有反秩序、非理性的行为都是可以被接受的。魏晋南北朝道家思想盛行时期所谓"隐士"们的一些极端化的行为都是源自于此。而作为中国古代重要文学和艺术成就的田园诗和山水画，则是这种自然意义作为一种审美趣味和文化趣味在文学和艺术作品中的反映。

我们认为，"匠人营国"的天道秩序和"世外桃源"的隐逸自然，实际上代表了中国文化中最为重要的两种文化、美学与空间原型。其中前者来自儒家文化，表现为追求秩序、入世，后者则来自道家文化，表现为追求自然、出世、隐逸。这两种原型体现在日常生活情趣、文学、平面艺术、实用艺术乃至建筑等中国传统社会生活和精神生活的各个领域。并且，由于中国文化传统中相对重视知识分子阶层而轻视体力劳动者的倾向，使得知识阶层的生活意趣、审美品位和文化品位，对整个社会总体的文化和艺术观念几乎有着决定性的影响。对于建成环境而言，中国传统的城市、建筑和园林也在更大程度上反映了知识阶层而不是建造者的意趣和品位。因此，这种来自知识阶层的双重理想原型在很大程度上影响了整个社会文化和建成环境。

2.4 多样性与地域性

地域概念具有多种含义，这种多义性首先体现在不同的尺度上。当谈论中国建筑与西方建筑的比较时，地域的意义存在于文明的尺度之上；当德国和法国的建筑作为比较对象时，地域的意义大约等同于国家；当讨论中国各地乡土建筑的差异时，地域指的是被地理和民族等要素划分的地理区域；在更小的尺度上，讨论一山之隔的两个村子的建筑差异在地域性的研究上仍然是具有意义的。

因此，当针对某一具体尺度的时候，地域性就会体现为外在与内在两个方面。从外在的地域性的角度看，在与其他地域建筑的比较中，地域性更多地体现为一种独特性和差异性；而在地域内部，内在的地域性则体现为统一性和整体性，尽管在地域内部进一步细分的区域之间同样会存在差异，但当将地域视为一个整体与其他地域进行比较时，通常更关注其共性的方面。

具体到中国传统建筑的研究方面，当中国建筑与其他文明中的建筑比较时，是将中国建筑视为一个整体，忽略它内部的差异性，而着重研究它与其他文明中建筑相比较的独特性。而将中国各地域建筑之间的比较作为研究对象时，关注的则是这些地域之间的差异性。

从中国传统地域文化的特征来看，一方面域内各地之间自然地理和社会文化条件的巨大差异造就了地域建筑极大的丰富性，另一方面大一统的政治观念与不间断的经济和文化联系又使得地域间的建筑文化与技术存在着持续性的彼此影响。因此，今天所看到的复杂而多样的传统建筑形态，并非是在彼此隔绝的、世外桃源式的环境下自然产生和演化出来的，而是地域之间文化彼此作用，并与地域的自然地理、资源经济和社会文化环境互动和融合的结果。这构成了理解中国传统建筑地域性的基本语境。

对于传统建筑特别是乡土建筑的地域性来说，通常自然地理和资源经济层面的差异会得到更普遍的关注，并被视为造就地域性的更为基础性的原因。但社会文化条件在其中的影响也不可忽视。从本书的研究角度来看，传统乡土社会中信仰类建筑的内容和形式，都会受到民间信仰的地域性特征的影响，从而在不同地域之间呈现出不同的面貌。而民间信仰活动和信仰文化所呈现出的强烈的地域性，也正是其有别于制度性宗教和官方主流意识形态最重要的特征之一。

传统时期的精神信仰活动大多与原始时代的神话和巫术仪式存在着千丝万缕的联系，而这种联系对于中国传统时期的民间信仰来说则显得更为重要。由于没有制度性宗教的有效压制，一些来源于原始时代的神话和巫术原型一直在中国传统民间信仰中延续至相当晚近的时期。因此，对民间信仰地域性的考察，也应该从对神话和巫术仪式的共性和差异的比较中开始。

在各文明、各地域的早期神话和仪式中，存在着很多共性的因素。普遍存在的对火的原始崇拜就是典型的例子。几乎在所有文明的早期，都有与火或者与取得火的过程有关的神话。在所有的原始多神崇拜中司掌火的神灵几乎都是重要的神祇。相应地，原始的巫术仪式中也都有火的参与。尽管这些神话的故事内容和仪式的具体形式不尽相同，但无疑都体现了火在早期文明的精神崇拜系统中的重要地位。这种对火的精神意义的强调很大程度上来自火和人工取火的行为对早期人类社会文明发展所具有的划时代的重要意义。

同样，原始神话中与各自然要素以及重要的生产要素有关的神灵和崇拜仪式都具有相当的普遍性。例如土地、水、风、植物等与人类社会关系密切的自然要素和与传统社会的生产生活方式相关的农业、锻造、纺织、医药等要素，在各文明的原始多神信仰中大都有对应的神祇存在。这源于这些要素对于早期人类社会存续和发展所具有的重要性以及在世界的各个区域之间普遍存在并且没有太大差异的意义。

然而，并非所有的神话或原始仪式中的要素都会具有如此的普遍性。地域之间的自然地理条件和资源经济状况千差万别，各种要素对人类社会的影响程度也有相应的差异。一个极端的例子是，正像中国俗语"夏虫不可以语冰"[1]所描述的那样，热带地区很难形成关于冰雪的神话以及相应的信仰。在《枪炮、病菌与钢铁：人类社会的命运》

---

[1] 出自《庄子·秋水》："夏虫不可以语于冰者，笃于时也。"

一书中，贾雷德·戴蒙德指出了在世界上的一些地区，从来就没有过可供驯化的大型动物的存在（或者在人类社会形成之前就已经灭绝了）[1]。那么在这些地区发展起来的文明中，也不可能有畜牧之神或者与畜牧有关的仪式的存在。

除了这些极端的情况外，在另一些例子中，虽然某些要素在原始的信仰和神话中普遍存在，但在其后文明的发展进程中，由于自然和社会条件的差异，这些原始信仰和神话的发展走向了不同的分野，并最终形成了迥然不同的信仰观念。以中国和西方文明传统中的水神崇拜为例，基于对水在生产生活中的重要作用以及破坏效应的认识，原始的水神信仰普遍存在。而在其后的社会发展中，二者的原始水崇拜产生了不同的走向：中国传统社会长期的重农意识使得稳定的降雨保证农业生产对水的持续性需求成为最重要的主题，相对应的信仰形式是龙王信仰以及相对应的祭祀祈雨等仪式；而古希腊时期重商主义的城邦城市对海上商路的依赖使得海洋的暴烈和破坏力成为人们心中对水最为深刻的印象，这成了海神波塞冬的形象和相对应的祭祀仪式的主要来源（图 2-17）。由此可见，同样的原始起源在不同社会的生产和文化条件下会分化出不同的意义，并形成截然不同的神话原型。

上述原始神话和巫术仪式中的地域差异，构成了不同文明、不同文化、不同地域信仰文化差异的基础。这种差异最为极端的情况，就

图 2-17

(a) 龙王
（来源：王新征 摄）

(b) 波塞冬神庙
（来源：《西方建筑史：从远古到后现代》）

---

[1] 贾雷德·戴蒙德. 枪炮、病菌与钢铁. 谢延光，译. 上海：上海译文出版社，2000.

是某些在特定的地域传统中具有重要意义的信仰内容，在其他地域中可能根本就没有存在过。上文中提到的热带文明中缺乏与冰雪有关的神祇和信仰就是典型的例子。

在传统社会中，地域之间的交流受到自然屏障和交通方式的限制，地域之间的差异并不会显著地体现出来，地域性更多地体现为地域文化系统的完整和自洽。但是随着技术手段的进步和对世界认识的深化，地域间的交流逐渐普遍和深入。在这个过程中，地域文化的差异性就会明显地体现出来。在很多的情况下，这种差异会导致跨文化交流中对概念和意义的误读。特别是对于自身文化中并不存在的事物，人们往往倾向于用本文化观念中具有一定类似性的形象来加以附会，从而造成不同文化中概念和意象的混淆。一个典型的例子是西方文化中的独角兽。

在中世纪时期，欧洲人相信世界上存在着一种叫独角兽（unicorn）的动物，其形象类似于头上长着独角的白马。当马可·波罗游历中国后，在归途中路经爪哇，看到了一种嘴上长着独角的黑色动物时，他想当然地认为这就是传说中的独角兽，但实际上，他看到的是犀牛。对于这种情况，《他们寻找独角兽》一文的作者翁贝尔托·埃科称之为"错误认同"（False identification），是来自自身所处文化传统的先入为主的观念所导致的误读。[1]

这种误读有的时候会随着人对外部世界的了解和文化交流的加深而逐渐解除，就像上面这个独角兽的例子一样。但是，也有一些情况下，这种误读可能会被长时间地保存下来并且形成持久的影响。这种情况在所涉及的事物或观念在现实中并不存在而是基于文化观念从而难以通过简单的认知行为加以纠正的情况下表现得特别明显。一个典型的例子就是中国传统文化中的"龙"。

---

[1]　"我们周游、探索世界的同时，总是携带着不少'背景书籍'，它们并非是体力意义上的携带，而是说，我们周游世界之前，就有了一个关于这个世界的先入为主的观念，它们来之于我们自身的文化传统。即使在十分奇特的情况下，我们仍然知道我们将发现什么，因为先前读过的书已经告诉了我们。这些'背景书籍'的影响如此之大，以至于它可以无视旅行者实际所见所闻，而将每件事物用它自己的语言加以介绍和解释……他（指马克·波罗）没有能力指出，他见到的是一个新动物，而是本能地试图用他过去熟悉的形象来定义这一新动物。在介绍一个未知领域时，他未能超越他的读者的期待。在某种程度上，他正是他的'背景书籍'的牺牲品。"乐黛云，等．独角兽与龙——在寻找中西文化普遍性中的误读．北京：北京大学出版社，1995：2-3.

龙的形象，在现实中几乎没有直接的对应之物。这一形象的来源混合了中国的原始图腾崇拜、水神信仰、农耕文化、道家神话、儒家的社会秩序、帝王文化等多样化的意义。这种形象及其文化意义的形成是中国传统社会的生产生活方式、社会文化秩序和精神信仰的综合体现，在其他的文明中几乎不可能找到对应的近似物。龙一般在英语中被翻译为 dragon。而实际上，西方文化中的 dragon 却是一种生有双翼、凶恶残暴的动物，在基督教神话中被视为与恶魔或者黑暗力量有关。这显然与中国的龙的概念相去甚远（图 2-18）。在文化交流中，这种误读已经引发了相当多的误解。对于这种误读发生的原因，有人归结为翻译中的错误，但实际上这并非是本质的原因。而真正的原因在于，在西方文化中根本不存在中国文化意义上的"龙"的概念，而龙又并非是真实的、可以去观察和理解的动物。因此，西方人在理解这个概念时只能用自身文化中的某个概念去加以附会，产生误读也就在所难免。

　　与龙相比，中国传统文化中的另一个颇富象征意味的神话形象——凤凰的意义则具有更多的普遍性。凤凰在中国传统文化中被视为百鸟之王，具有与盛世或者圣人相关联的寓意，同时也被赋予了与道教阴阳五行文化和帝王文化的关联性。凤凰的神话形象与原始的火崇拜也有关联，《初学记》中引《春秋孔演图》说："凤，火精"，《鹖

图 2-18

(a) 中国的龙
（来源：王新征 摄）

(b) 西方的龙（来源：拉斐尔的油画
《St. George and the Dragon》）

冠子》中也提到："凤凰者，鹑火之禽，阳之精也。"

在其他文明的传统神话中，同样有这种与火焰崇拜相关联的神鸟形象。古希腊神话中有关于"不死鸟"（phoenix，这个词通常也被作为"凤凰"的英译词）的传说。不死鸟的传说同样与火焰以及太阳崇拜有关。当不死鸟知道自己将要死亡时，会用带有香味的树枝筑巢点燃，并且将自身投于火焰之中。在火焰将要熄灭的时候，不死鸟将从火焰中重生。同样，在古埃及神话中也有一种被称为"贝努鸟"（bennu bird）的鸟，同样与埃及的太阳神崇拜有关，并且也有贝努鸟年老后自焚并在火焰中重生的传说。不同的是，在重生后，新生的贝努鸟会将死去贝努鸟的骨灰装进一个蛋中，并在蛋上涂防腐的香料油，然后供奉在太阳神庙的神坛上。这一情节显然与古埃及制作木乃伊的习俗有关。在古印度的神话中，也有一种叫作"迦楼罗"（garuḍa）的巨鸟，神话中说它出生时火光冲天，并且成为毗湿奴的坐骑而被赐予永生。"迦楼罗"后来被佛教吸收作为护持佛的八部众之一，后因吞食毒龙那伽而导致自焚而死（图2-19）。

以上列举了几种古代文明中类似凤凰的神话形象。从中能够看到，首先，这些神话形象之间具有一定的共同点，都是在现实中没有对应之物的巨鸟，都与原始的火焰崇拜有一定关联。其中，除了古埃及的贝努鸟和古希腊的不死鸟有可能是由于古埃及文化对古希腊文化的影响而有直接的关联外，其他神话形象之间并没有因相互影响而产生的证据。因此，有理由认为，这些在不同文化传统中生发出来的具有相当类似性的神话原型意象，代表了人类社会原始时期某种共同的信仰和崇拜心理。

图2-19 从死亡中再生

（来源：《历史研究：修订插图本》）

其次，这些神话形象之间也有着明显的差异，这些差异或是一开始就有，比如中国的凤凰传说中并无凤凰死而复生的内容，又或是在社会文化的发展中逐渐形成，比如中国的凤凰原型与帝王文化的关联等。这意味着，即使是共通的原始神话意象，在不同文化传统的演化中仍然会表现出很大的差异。最后，由于这些神话形象之间意义差异的存在，在文化的交流中同样会产生某种误读。一个例子是：郭沫若在1920年曾经写过一首名为《凤凰涅槃》的诗歌，讲述了凤凰从自焚的火焰中重生的故事。在这里，作者明显地将不死鸟或者贝努鸟和凤凰的概念附会在了一起。并且，这种误读和附会可能在文化的流传中被放大，成为一种普遍性的误读。在当代，很多关于凤凰的神话传说的描写中都有关于凤凰死而重生的内容，这可以作为原本仅存在于特定文学作品中的附会发展为普遍性误读的生动例子。

这些关于神话与信仰的地域性差异的例子提醒着我们，既不能片面地夸大某一信仰文化的地域独特性，否认其他文明、文化和地域传统中相似信仰文化的存在，也不能因为某种信仰文化存在的普遍性而否认其具体意义上的差异，以至于在研究中由于附会而影响对其意义的正确解读。这一点，在对于信仰类建筑的研究中同样重要。

3　信仰建筑与聚落格局

　　中国传统时期乡土社会中民间信仰对建成环境的影响，不仅体现在信仰类的寺观、庙宇建筑之中，在聚落选址和整体空间格局的规划与营建中，同样能够看到民间信仰文化的强大影响力。同时，各种类型的民间信仰建筑的选址与布局，通常也是聚落营建中需要重点加以考量的因素。塔这种起源于信仰活动的建筑形式，更是在聚落整体营建中发挥着重要的作用。

3.1　风水观念

　　中国传统时期民间信仰活动与信仰文化影响乡土聚落选址与整体空间格局最典型的例子就是普遍存在的风水观念。中国传统文化中处理建成环境与自然之间关系的勘舆术被通俗地称为"风水"。风水观念一方面关乎城市、聚落、住宅、墓葬的选址和建设，代表了中国人心目中对理想化的居住环境的理解，另一方面界定了一种独特的人造物与自然之间的关系，是中国文化中自然观的集中反映。

　　风水与中国传统社会的宗教、艺术、文化、社会生活等方面都有着千丝万缕的联系。从功能上看，风水关于建筑的选址、布局、营建所提出的一些原则，即使在今天看起来也有其合理性。在与信仰活动的关系方面，风水既与道家的阴阳五行学说相联系，也部分体现了儒家的社会秩序观念。而在实际的操作中，风水术更多地依赖民间朴素的经验性知识，同时也不可避免地包含着相当多的原始巫术和民间信仰的内容。此外，风水图式描绘了中国人理想中的居住环境，这种理想环境一定程度上也反映了中国人心目中的世界图景，并且以形象化的方式体现在图式之中。从本书的研究视角来看，在中国传统城镇与聚落的选址、规划与营建中，风水观念集中体现了道教等制度性宗教以及乡土社会民间信仰的影响。

风水对建成环境的影响尤其体现在对自然环境与人类造物之间关系的处理方面。例如，水是传统社会日常生活和农业生产中最不可或缺的要素，同时在运输、防灾、气候调节等方面也有重要的意义，成为自然环境中与人的生产生活关系最为密切的部分。因此，在传统的风水观念中，在实用性的需求和美学意义之外，也为水赋予了重要的玄学意义。晋代郭璞的《葬经》中说："葬者，乘生气也。夫阴阳之气，噫而为风，升而为云，降而为雨，行乎地中，而为生气……气行乎地中。其行也，因地之势，其聚也，因势之止……经曰：气乘风则散，界水则止。古人聚之使不散，行之使有止，故谓之风水。风水之法，得水为上，藏风次之。"视水为生气的表现和载体。而各地乡土文化中，也多有将水视为财富的象征之类的观念。

在风水观念对聚落选址和整体格局的影响方面，古徽州地区的聚落营建是其中典型的代表。徽州地区在气候上归属于亚热带湿润季风气候区，梅雨显著，夏雨集中，新安江及其支流奔流其间，水运交通便利。在地形地貌方面以山地、丘陵为主，聚落营建选址多为山间盆地、谷地，因此徽州聚落总体上高度密集，并且非常重视聚落与周边山水环境的关系。清赵吉士《寄园寄所寄》中说："风水之说，徽人尤重之。"[1] 从风水观念以及充分利用自然要素改善环境的角度出发，徽州聚落中注重对自然要素的利用和改造，树木、水体等自然要素都成为聚落空间的重要组成部分。特别是在理水方面，很多聚落中都有天然或人工兴建的溪流、水塘，既保证了聚落日常生活以及消防用水的需要，也能够改善局部小气候，优化聚落景观环境（图3-1）。

受山形地势所限，徽州聚落的格局一般很少呈现规则的几何形式，而是表现出更为有机的形态。聚落中的街巷多顺地势或水系曲折蜿蜒，建筑的朝向和布局也相应地顺应街巷的走势和自然要素进行调整。但

---

[1] 出自《寄园寄所寄·卷十一 泛叶寄·故老杂记》。赵吉士. 寄园寄所寄 卷下. 上海：大达图书供应社.1935：279.

图3-1 安徽黟县卢村（来源：王新征 摄）

另一方面，与在无序状态下自发生长起来的聚落不同，徽州聚落的结构和形态往往是处于有意识的控制之下的。由于徽州聚落多为聚族而居的移民聚落，在聚落初创阶段和其后的发展中，宗族力量往往有较强的掌控力，会根据宗族发展的需要对聚落的结构、自然要素、公共空间、公共建筑以及民居建筑的格局进行合理的规划和控制。因此，徽州聚落中特别重视空间序列"起、承、转、合"关系的营造，例如在距离聚落不远的道路与水系交汇之处营建水口空间，通过在河上架桥、栽植水口林、营建亭阁和廊桥，强化水口空间作为聚落起点的意义（图3-2）。同时，在聚落水系的梳理和营建中，注重水体和滨水空间收放张弛的节奏，通过空间尺度的变化和对比来强化空间的丰富性，同时弱化聚落的高密度所带来的逼仄之感。在聚落理水方面，徽州的宏村就是一个典型的代表。

宏村位于安徽黟县东北部，背倚雷岗山，其营建始于南宋绍兴年间汪氏始祖迁徙定居，至明万历朝才大体完成，前后历400余年，其后明清两朝又多有修建，方成今日面貌。宏村的营建过程，始终处于严谨的规划控制之下。而在此过程中对理水的重视，一方面源于汪氏祖先的风水观念，另一方面与高密度环境下数百年间规模不断增长的人口对水的需求有关。清汪纯粹所纂《弘村汪氏家谱》中曾记载，宏村初建时，主持规划和营建的汪彦济认为："两溪不汇西绕南为缺陷，屡欲挽以人力，而苦于无所施。"[1] 其后恰逢暴雨，河床改道，"明日顿改故道，河渠填塞，溪自西而汇合，水缥南以潜卫"。[2] 充分说明营建者对可资利用的自然水体的重视。

宏村水系引西溪水及雷岗山地下泉水为源头，人工修建的水渠蜿蜒曲折，穿村而过，全长近1300 米，称作"水圳"。水圳与相邻住宅天井中的水池相连通，利于雨水的排除，也能够调节宅内微气候（图 3-3）。村中依托泉水，扩建成半圆形水塘，称"月沼"。水圳穿月沼后继续向南穿村而出，汇入村南的大型人工池塘——南湖。整个聚落中的公共空间与水系结合设置，水口架桥植树，是村落的入口，也是公共空间系统的起点；聚落中的主要街巷与水圳伴随而行；月沼是村内水系的中心，其周边也是聚落日常公共活动的中心，不仅居民日常的浣洗活动多汇聚于此，北岸的"乐叙堂"作为汪氏宗族总祠，也是聚落信仰活动的中心（图 3-4）。南湖是水面最

图 3-2 江西婺源思溪村水口通济桥
（来源：江小玲 摄）

图 3-3 安徽黟县宏村街巷与水圳
（来源：王新征 摄）

[1] 出自《弘村汪氏家谱·开辟宏村基址记》。
[2] 出自《弘村汪氏家谱·开辟宏村基址记》。

图 3-4 安徽黟县宏村西溪、月沼、南湖与聚落（来源：王新征 摄）

为开阔之处，湖中设堤，沿岸建有南湖书院和大型宅第（图 3-5）。整个聚落水系以牛为形，月沼为牛胃，南湖为牛肚，水圳为牛肠，体现了风水观念和农业社会耕读思想的影响。

类似地，鉴于传统时期聚落营建过程中地形特别是山脉走势对交通、水源、植被、资源、安全等因素不可忽视的影响，传统风水观念中同样重视山形地势的重要意义。例如清姚廷銮《阳宅集成》中所载择地口诀："阳宅须教择地形，背山面水称人心；山有来龙昂秀发，水须围抱作环形。明堂宽大斯为福，水口收藏积万金；关煞二方无障碍，光明正大旺门庭。" [1] 在很多乡土聚落的选址中都有体现。

总体上看，鉴于中国人对待自然相对独特的态度，风水观念实际

图 3-5 安徽黟县宏村南湖、南湖书院及民居
（来源：王新征 摄）

[1] 出自《阳宅集成·卷一·第三看 基形法》。

上提供了中国人在人造物（建筑与城市）和自然之间的一个接口。并且，不同于其他文明中要么将一个理想的人造形态突兀地置于自然之中、要么依照自然来塑造人造世界的方式，风水界定了一种相对暧昧的人造与自然之间的关系。从这个意义上讲，风水观念也是中国人的自然观的集中反映。这一点同样体现在风水发生作用的方式上：中国人从来没有期望通过"设计"和"建造"的方式将这种理想化的图式完全变成现实，就像在其他文明中所发生的那样。对于中国人来说，风水实现的主要方式是"选择"，以及在此基础上的极其有限的"改造"。

3.2 信仰类建筑的空间组织

今日所见的乡土聚落，作为人类的聚居地可能具有久远的历史（能够确认的现存最古老的民居，是山西高平中庄村的姬氏民居，建于元至元三十一年），但今天所展现出的整体结构和空间格局，其形成大体上不会早于明代，而聚落中建筑的营建时间，则主要集中于清代中晚期至民国时期。究其原因，一方面是传统的土木结构建筑，难以抵御气候的侵蚀和时间的流逝，特别是建造成本受到较严格限制的民居建筑，而砖在民居建筑中的大规模使用，应该是元明之后烧结砖成本得到了有效控制的产物；另一方面，乡土聚落的整体格局、空间结构和建筑形式，与乡土社会的生产方式、经济结构、生活方式和社会文化密切相关，并会对其变化做出较迅速的反应，在这种情况下，乡土聚落和民居建筑的面貌通常不会在长时期内保持稳定。此外，宋金战争、宋元战争、元末战争及明代初年靖难之役影响范围广泛，持续时间长，对全国很多地区原有的乡土聚落造成了毁灭性的破坏，同时由于战时的避祸和战后损失人口的填补，造成了大规模的人口流动，这也意味着乡土聚落营建活动的重新展开，同样的状况也发生在清代的张献忠、吴三桂等叛乱和太平天国运动时期。

这种乡土聚落实际建成环境的相对"年轻化"现象，使得聚落的结构和形态往往是处于有意识的控制之下，以至于今天很难看到真正意义上在无序状态下自发生长起来的聚落。一方面明清时期已经是中国传统社会的经济、技术和文化发展相对成熟的时期，无论是作为社会和文化背景的儒家思想、风水观念、制度性宗教以及民间信仰，还是作为物质基础的营建智慧和建造技术，都已经形成了较为完善的系统，从而有能力从整体上对聚落的选址、规划和营造活动进行控制。另一方面，宗族文化已经发展成熟，特别是在聚族而居的移民聚落中，在聚落初创阶段和其后的发展中，宗族力量往往有较强的掌控力，会根据宗族发展的需要对聚落的选址、整体结构、自然要素、公共建筑以及民居建筑的格局进行合理的规划和控制。

这一点也体现在乡土聚落中信仰类建筑的空间组织中。信仰类建筑，无论是归属于制度性宗教、民间信仰还是宗族信仰，在乡土社会的社会文化和日常生活中都占据着重要的地位，大多数情况下都是乡土聚落中最为重要的公共空间。因此，在聚落整体空间格局的组织中，通常也会将信仰类建筑安置于较为重要的位置，在很多情况下甚至是聚落整体空间结构的中心。在不同类型的信仰类建筑之间的关系方面，通常来说，制度性宗教的寺观通常位于聚落中较为重要的位置，例如村口、聚落中心或者聚落中地形较高的地方（图 3-6）。在宗族信仰较发达的地区，宗祠和家庙通常也建于聚落中较重要的位置（图 3-7）。而民间信仰建筑通常位置更为分散和随意。部分民间信仰建筑与制度性宗教的寺观一样成为聚落公共空间的核心，但也有很多完全相反的例子（图 3-8）。

同时，在地域之间，越是乡土社会信仰活动兴盛的地区，相对应的信仰类建筑往往能够成为乡土社会公共生活的中心，同时也是乡土聚落空间结构的中心，这种状况到今天在一定程度上还存在。以闽南、潮汕等在文化上同属闽海民系分支的地区为例，多具有发达的民间信仰系统，且近代以来在很大程度上得到了延续。究其原因，一方面，明清时代相对远离统治中心的地理位置、民间的富庶以及经济模式上对海洋的依赖，使得主流官方政治与文化的影响与压制总体上较为舒缓，为多元化的宗教信仰状况提供了宽松的环境。另一方面，相关地区历史上多疫病、风灾、水灾、旱灾、地震等灾害，环境的无常也使人们倾向于向神明祈求禳除灾祸。此外，传统社会晚期以来闽南人、

图 3-6 | 图 3-7
图 3-8
（来源：王新征 摄）

图 3-6　山东即墨雄崖所村奉恩门
　　　　和观音殿
图 3-7　云南石屏郑营村陈氏宗祠
图 3-8　云南大理沙溪古镇本主庙
　　　　（天王古庙）

潮汕人出海贸易和务工的比例较高，也促进了妈祖等海神崇拜信仰的兴盛（图3-9）。

　　闽南、潮汕城乡聚落的民间信仰也具有多元化的特征，崇拜对象有的来自道教、佛教等制度性宗教，有的来自山川、海洋等自然信仰，有的来自行业历史上的著名人物，也有土地神、农业神等较普遍的民间信仰对象。在民间信仰类建筑方面，相关庙宇数量众多，分布广泛，形式多样，但规模一般不大，同时多神合祀的情况较为普遍（图3-10）。在与聚落整体结构和公共空间体系的关系方面，城乡聚落中民间信仰的崇拜场所密度极高，不仅在村口、聚落中心等位置常有较为重要的庙宇，普通街道的尽头、交叉口或转弯处也多有小型的崇拜场所。很多规模较小的庙宇并不提供入内朝拜的空间，而仅供陈列神像，并在庙前以简易方式搭建遮阳篷，在不过多占用土地和妨碍交通的情况下获得了一定的场所感（图3-11）。

　　在一些例子中，乡土聚落中信仰类建筑在聚落整体空间格局中占据中心性的地位，在很大程度上支配了聚落整体的空间结构，进而影

图 3-9　福建泉州天后宫正殿
（来源：王新征 摄）

图 3-10　广东潮州龙湖古寨护法庙，供
奉护法老爷、弥勒佛、花公花妈
（来源：王新征 摄）

图 3-11　广东澄海樟林古港招福祠
（来源：王新征 摄）

响到其他类型公共建筑和居住建筑的格局。典型的例子如山西吕梁市临县的碛口古镇，碛口古镇位于黄河之滨，是典型的依托水陆交通交汇而形成的商贸型聚落。清代至民国时期，碛口地处山西与内蒙古、陕西水陆交通的交汇之处，是三地商品往来的重要集散地，特别是内蒙古土默特川平原、后套平原出产的粮油以及中草药、皮毛、吉兰泰盐等货物运输进入山西的通道（史称"晋蒙粮油故道"）和水陆转运的衔接点。如清乾隆年间《重修黑龙庙碑记》所载："碛口镇又境接秦晋，地临河干，为商旅往来舟楫上下之要津也，比年来人烟辐辏，货物山积。"更重要的是，碛口位于湫水河与黄河交汇处，湫水河携带大量泥沙进入黄河，挤占黄河水道，所形成的"麒麟滩"使秦晋大峡谷的黄河宽度由四五百米缩至八十余米，加之落差较大，形成了水流湍急、礁石密布的"大同碛"，被称为仅次于壶口的"黄河第二碛"，成为水路运输不可逾越的天堑。因此从上游来的货船到达碛口后，必须转陆路由骡马、骆驼运往太原及京津等地，回程时，再把所获的物资经碛口转水路运往西北，碛口由此成为黄河北干流上水运航

道的重要中转站，有"九曲黄河第一镇"和"水旱码头小都会"之称（图3-12）。正是因为上述原因，聚落传统上高度重视航运安全，在全镇最高处的卧虎山半山坳建有黑龙庙，供奉黑龙王保佑水上航运平安。黑龙庙地势、视野俱佳，可俯瞰全镇，庙内设戏台，历史上是古镇重要的公共活动场所，因位于晋陕交界，有"山西唱戏陕西听"的说法。黑龙庙在聚落公共生活和空间组织上所占据的主导地位，彰显了与航运安全相关的龙王信仰历史上在碛口古镇信仰文化中的极端重要性（图3-13）。

又以山西榆次后沟村为例，后沟村位于山西省晋中市榆次区东北部的东赵乡，与寿阳县交界。聚落规模不大，总面积约1.33平方公里，现有居民75户，人口不足300人，却有着包括庙宇、祠堂、戏台在内的结构清晰、体系完整、类型丰富、形式多样的信仰类公共建筑系统，且与聚落所处环境的地形地貌、社会结构和乡土文化紧密结合（图3-14）。

图3-12 山西吕梁碛口古镇、麒麟滩、大同碛
（来源：王新征 摄）

图3-13 山西吕梁碛口古镇黑龙庙
（来源：王新征 摄）

图3-14 山西榆次后沟村
（来源：王新征 摄）

　　后沟村所处环境为典型的黄土高原丘陵区地貌，海拔 900 多米，聚落内部相对高差 60 余米，坡度较大，地形复杂，沟、坡、塬、滩纵横交错。聚落有文字可考的历史可以追溯到唐代，而今天聚落中可见的民居、公共建筑和设施，大体上建于明清时期，以清代为主。聚落形式是典型的黄土高原地区山地聚落，聚落选址考虑了风水的因素，依托背靠的太行山支脉要罗山脉，村前有龙门河环绕而过，结合聚落周边的黄土山梁、台地，形成"四十里龙门河正当中，二龙戏珠后沟村"[1] 的山水格局（图 3-15）。因黄土浸水后极易垮塌，黄土高原地区的窑洞聚落均高度重视雨水的排除，后沟村利用地形高差，设计了两条从上至下连接各家各户的地下排水系统，将雨水排至龙门河中，既满足了功能需要，又符合风水观念的要求。

　　后沟村历史上是以张、范二姓为主聚族而居的聚落，民居建筑以窑洞为主，包括靠崖窑、石锢窑、砖锢窑以及窑房结合民居。民居一般顺应地形，依托山势布置在不同高度的较为平坦的台地上，形式灵活，装饰较为精美。因并非单姓聚落，祠堂在聚落中并不位于核心位置，现存唯一的张家祠堂，位于张家老院下行的半山处。相对地，聚落的

图 3-15　山西榆次后沟村龙门河、五道庙、玉皇殿、戏台与真武庙

（来源：王新征 摄）

---

[1]　后沟村民谚。

神灵信仰系统高度发达，有现存以及近年来原址原貌修复的庙宇13座，包括道教相关的真武庙、玉皇殿（含三元殿、三霄殿），佛教相关的观音堂，儒家相关的文昌阁、魁星楼，民间信仰相关的关帝庙、山神庙、河神庙、五道庙（两座）、龙王庙以及观音堂内的大王祠（供奉赵襄子）、财神殿等，此外民居内亦多建有土地龛和天地龛（图3-16）。

寺庙的位置依托山形地势，同时考虑所供奉神灵的性质和风水观念的要求，布局严整有序。例如真武庙供奉道教的"北方之神"真武大帝，因而建于村北的黄土塬之上；观音堂建于聚落西南方向的台地之上，与玉皇殿隔河相峙，便于周边聚落共同祭拜；魁星楼按风水要求建于村南山岗之上，与真武庙、观音堂遥相呼应，事实上界定了整个聚落的空间范围（图3-17）。而在聚落的中心位置，与玉皇殿相对建戏台，成为聚落公共活动的核心空间（图3-18）。其他庙宇亦按功能各安其位，例如五道庙位于村口护村祛邪，山神庙位于山梁之上，水神庙位于龙门河畔，龙王庙建于龙门神泉泉眼之上，文昌阁和关帝庙则形成"文东武西"的格局（图3-19）。后沟村以神灵信仰为核心

图 3-16 | 图 3-17
图 3-18
（来源：王新征 摄）

图 3-16　山西榆次后沟村真武庙
图 3-17　山西榆次后沟村观音堂、魁星楼与龙门河
图 3-18　山西榆次后沟村龙门河、观音堂、玉皇殿与戏台

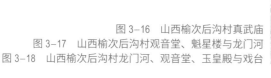

图 3-19　山西榆次后沟村文昌阁
（来源：王新征 摄）

的信仰类建筑系统，格局完整，结构清晰，类型丰富，与聚落自然环境、生产生活和民俗文化结合紧密，是北方山地、丘陵地带乡土聚落信仰类建筑空间组织的典型代表。

3.3 信仰、族群与社区

无论是传统时期还是当代，营建活动与社会文化之间都存在着紧密的联系。作为这种联系的具体体现，一方面，特定时期、特定地域的社会文化、群体心理和审美情趣会影响聚落的选址、格局和建筑的功能、形式；另一方面，既有的建成环境也会影响个体与群体的生活方式、心理模式和行为模式，进而在社会文化中打下深深的烙印。从这个意义上讲，人与营建活动之间、社会文化与建成环境之间的关系并不是单向性的，而是双向的、彼此影响的，即"人创造空间，空间塑造人"。具体到本书关注的传统乡土社会的信仰活动和信仰建筑而言，一方面，特定时期、特定地域信仰活动的强度、频率和类型决定了信仰类建筑的数量、选址、规模和形制；另一方面，既有的信仰类建筑也会作为信仰活动最为重要的载体，成为信仰文化的放大镜，潜移默化地强化信仰文化在乡土社会社会文化中的重要性。

一些例子中，由于信仰活动、信仰文化和乡土社会的公共活动和社会文化中所具有的重要地位，这种信仰文化与信仰类建筑之间的互动关系甚至超出了信仰活动领域本身，更进一步扩展到城乡聚落的整体结构，与整个乡土社会的社会结构紧密地结合在一起。一个典型的例子是福建泉州地区传统社会中的铺境信仰。

　　与信仰有关的活动在闽南地区城乡社会中占有重要的地位，是闽南文化的显著特征之一。海陆相接、耕海为生以及长期的对外贸易所带来的海神崇拜与妈祖文化，使相关的天后宫、玄天上帝庙、龙王庙、水仙宫等信仰建筑历史上遍布闽南各地，同时佛教、道教、儒家思想以及形形色色的民间信仰在闽南乡土文化中都占有不小的比重（图3-20）。这种多元化的信仰状况，很大程度上来自闽南文化中的实用主义特征和开放心态，在闽南人看来，只要能够保境安民、福荫乡里，并不需要计较信仰对象的来历和身份。同时，明清时代相对远离统治中心的地理位置、民间的富庶以及经济模式上对海洋的依赖，也使得闽南地区主流官方政治与文化的影响与压制总体上较为舒缓，这也为多元化的信仰状况提供了宽松的环境。兴盛的多元化信仰，造就了闽南城乡聚落中信仰类建筑数量多、密度高、形式多样、与聚落生活结合紧密的特点（图3-21）。铺镜信仰，正是这种多元化的信仰状况在闽南地区特定地域乡土社会中的反映。

图3-20　福建泉州开元寺（来源：王新征 摄）

图 3-21　福建厦门新垵村福灵宫（来源：李雪 摄）

　　铺境制，是明清时期泉州城市的基层行政区划和行政治理制度，其起源大体来自北宋时期的"保甲制"和"厢坊制"，元代时将泉州城划分为东、南、西三隅，清代增加北隅，共计四隅，"隅"下设"铺"，"铺"下设"境"，故称"铺境"，其中"铺"主要来自政府的行政架构，而"境"的基础则主要是民间已有的族群和社区边界。如清道光《晋江县志》所载："《周官》体国经野，近设比闾、族党、州乡，达立隣里酂鄙，县遂举闾阎、耕桑、畜牧、士女、工贾，休戚利病可考。而知今之坊隅都甲，亦犹是也。而官府经历，必立铺递，以计行程，而通声教。都里制宋、元各异，明如元，国朝间有增改，铺递则无或殊。守土者由铺递而周知都里，稽其版籍，察其隆替，锄其莠而安其良，俾各得其隐愿，则治教、礼政、刑事之施可以烛照数计，而龟卜、心膂、臂指之效无难也……本县宋分五乡，统二十三里。元分在城为三隅，改乡及里为四十七都，共统一百三十五图，图各十甲。明因之。国朝增在城北隅为四隅，都如故。顺治年间，迁滨海居民入内地，图甲稍减原额。康熙十九年复旧，三十五年，令民归宗，遂有虚甲，其外籍未编入之户，更立官甲、附甲、军甲、寄甲诸名目。后增场一图，又立僧家分干一图，共一百三十七图。城中及附城分四隅十六图，旧志载三十六铺，今增二铺，合为三十八铺。"[1] 铺境制度确立后，泉州城围绕铺境制度发展出发达的民间信仰体系，各铺设铺庙，供奉本铺铺主，各境设境庙，供奉本境境主（图3-22）。境主、铺主的来源和身份多样，有的来自佛教、道教等制度性宗教，有的来自民间信仰的神灵，也有的来自历史上的著名人物。铺、境每年举行"镇境"仪式，祈求神灵护佑，保境安民，仪式时的抬神巡游活动，除祈福外，也带有明确、强化铺境边界存在的意味（图3-23）。而供奉铺主、境主的铺境庙，不仅是铺境信仰的核心载体，也是铺境内部最为重要的公共建筑和公共活动空间（图3-24）。

　　近代以来，城乡基层组织历经变迁，大多数城市中原有的基层组织结构早已瓦解，但在泉州旧城中，原有的铺境空间结构和社区认同在当代仍然得到了一定程度上的延续，铺境庙部分得到了保存甚至建造更新，原有的铺境信仰节庆仪式也部分得到了延续（图3-25）。这种状况在很大程度上来自铺境作为一种基层行政组织和空间结构与民

图 3-22 | 图 3-23
图 3-24
（来源：王新征 摄）

图 3-22　福建泉州通政巷熙春宫，原熙春境庙
图 3-23　福建泉州西街奉圣宫，原奉圣境庙
图 3-24　福建泉州水巷尾富美宫，原富美境庙

[1]　周学曾，等，纂修. 晋江县志. 福州：福建人民出版社，1990：484.

图 3-25　福建泉州西街历史街区（来源：王新征 摄）

间信仰的高度融合。从政府行政治理的角度看，实行铺境制的目的在于加强对基层的控制，但在实际运行的过程中，真正使铺境制从一种行政构架设计落实为一种得到普遍认同的社会现实的，并不仅仅是政府的行政管制，而更多地是来自一种基于深厚的宗教与民间信仰土壤之上的社区认同，从而为宗族力量相对较弱的城市社区注入了不亚于宗族血缘的稳定力量。

3.4　塔的演化

对于传统时期的乡土聚落来说，塔是一种特殊的空间要素。一方面，乡土聚落中的塔一般规模较小，结构也较简单，通常并不提供可进入或通过的内部空间，而是仅以其外在的地标性形式和体量对空间产生影响，这对于建造成本严重受限，而建筑又缺乏实用功能的传统乡土聚落来说尤为难得。另一方面，中国传统建筑的建筑形式和营造体系主要着眼于单层建筑横向展开的空间组织模式，对强调高度、垂直感和纵向体量的做法存在天然的排斥。这一点与西方建筑以砖石结构和多层空间体系为主，并在教堂等公共建筑中追求垂直向度的拓展形成鲜明的对比。这些因素使塔在中国传统时期的城乡聚落中成为具有很强特异性的要素，特别是对于大型楼阁建筑较为稀少的乡土聚落来说，塔在很多时候会成为聚落中仅存的垂直性要素，并对聚落整体的空间结构和视觉形态产生不可忽视的影响（图3-26）。事实上，除了侗族等少数民族聚落中的鼓楼、羌族等少数民族聚落中出于防御目的所建造的碉楼以及传统社会晚期少数受外来建造文化影响较大的地区建造的多层的碉楼建筑之外，在传统的乡土聚落中鲜有塔之外的垂直性要素。

从本书的研究视角来看，塔在乡土聚落中的形态、功能及其演变还生动地展示了外来的宗教性建筑是如何一步步世俗化并且与聚落的乡土文化逐渐融合的。塔的建造是伴随着中国佛教的发展开始的。佛教自汉代传入中国，早期佛寺受印度的"窣堵波"和中亚的"精舍"（塔庙）影响，皆以佛塔为主体，称为"浮图""浮屠"或"佛图"。而在西晋时洛阳闻名的四十二所寺庙中，已经明确有了用砖造塔的记载。在杨衒之的《洛阳伽蓝记》中就有多处描写了洛阳浮图林立的城市景观："本有三层浮图，用砖为之……子休掘而验之，果得砖数十万……所得之砖，还为三层浮图"[1]"太尉府前砖浮图，形制甚古，

图3-26　山西阳城郭峪村文峰塔（当代重建）（来源：王新征　摄）

[1] 《洛阳伽蓝记》卷第二　城东·景兴尼寺·灵应寺。杨衒之.洛阳伽蓝记.尚荣，译注.北京：中华书局，2012：120.

尤未崩毁"[1]"汝南王复造砖浮图于灵台之上"[2]"永熙年中，平阳王即位，造砖浮图一所。是土石之工，穷精极丽"[3]。今天保存下来的最早的塔则是建于北魏正光四年(523年)的河南登封嵩岳寺塔。嵩岳寺塔为空筒结构、正十二边形平面的十五层密檐塔，外形带卷杀收分，上建石雕塔刹。塔心空筒为八边形。塔面砌砖使用泥浆粘结，为一顺一丁砌法，有壁柱，叠涩出檐。底层正门及小塔塔门为半圆券，有壁柱、壶门、山花蕉叶、火焰形券等装饰。塔顶用叠涩砌法封顶。嵩岳寺塔的外观形式和装饰细节，均显示其受到印度和中亚高塔型"精舍"的影响，但叠涩式的出檐则带有中国本土的技术特征。

佛塔的出现和发展，是中国传统砖石建筑发展进程中具有标志性意义的事件。它的重要意义，不仅在于建筑在垂直尺度上的拓展，也因为这是中国砖砌建造技术在地上建筑中最早的普遍应用。在这个过程中，塔之所以能突破传统中国木建筑结构体系所占据的绝对的支配地位，原因大体如下：其一，外来宗教文化的建筑类型，较少受到传统礼制和既存木构建筑营造文化的制约；其二，非生人所居，避免砖材长期用于墓葬所带来的不良联想；其三，宗教崇拜的精神功能对建筑耐久性和纪念性的追求。同时，在砖砌佛塔中，由于接受了伴随佛教传入的犍陀罗艺术风格的影响，同时也受到追求宗教建筑纪念性需求的激励，开始注重利用砖的抗压能力砌筑高耸而形态优美的体量，并利用砌块的特点形成具有雕塑感的造型。同时，砍砖、磨砖等技术手段得到了普遍使用，基本奠定了后世砖细工艺的技术基础乃至砖砌装饰风格的总体基调。

在其后的历史时期，塔的形式和营造技术进一步发展，并与中国传统的木建筑营造体系逐渐融合。隋唐时期的砖塔仍采用之前的空筒结构，其中部分延续了密檐砖塔的形式，较著名者如西安荐福寺小雁塔。其整体砖砌技术特点大体与嵩岳寺塔类似，不同之处在于自塔

[1] 《洛阳伽蓝记》卷第二　城东·景兴尼寺·灵应寺。杨衒之.洛阳伽蓝记.尚荣，译注.北京：中华书局，2012：124-125.
[2] 《洛阳伽蓝记》卷第三　城南·秦太上公寺。杨衒之.洛阳伽蓝记.尚荣，译注.北京：中华书局，2012：208.
[3] 《洛阳伽蓝记》卷第四　城西·大觉寺。杨衒之.洛阳伽蓝记.尚荣，译注.北京：中华书局，2012：327.

身内壁向内以叠涩形式挑出螺旋形上升的梯道，体现了随着对塔的登临功能日益重视而在构造上所做出的变异。另外这一时期也保存下来相当数量砖砌楼阁式塔的实例，体现了用砖砌建造体系模仿木建筑形式在当时已经成为一种较为普遍的做法。这个时期的楼阁式砖塔也是空筒结构，采用木楼板进行楼层分隔。到了五代时期，则出现了有塔心和回廊、用砖砌筑各层楼面的楼阁式砖塔，较著名者如苏州虎丘塔（图3-27），塔内有砖砌的八边形塔心，与外壁间形成回廊，回廊上设木楼梯，回廊顶部用砖叠涩结顶，承托砖砌楼层，并联系外壁和塔心，又开券门形成塔心室。这种结构整体性强，同时内部空间的复杂化对强化塔的登临功能是有利的，适应了佛塔功能世俗化的趋势，相对之前的空筒结构是一种进步。在装饰方面，塔身表面通过预制异型砖或砍砖、磨砖进行装饰的做法更趋成熟、精美，其中密檐式塔多延续之前风格，使用须弥座、仰莲等佛教带来的外来装饰要素，而楼阁式塔则延续以砖仿木的逻辑，砌筑柱、额、栌斗等。五代时期也有在砖塔外壁埋设木构件、承挑木平坐和木塔檐的砖木混合式塔的例子。到了宋代，塔的功能突破了宗教的限制，出现了专门为了登高览胜或军事防卫功能而建造的塔，因此数量众多，保存到今天的也较多。例如现存最高的砖塔——河北定州开元寺塔，最初就是为了瞭望边境敌情而设（图3-28）。塔的结构类型也明显较之前丰富，单筒式、双筒

图 3-27　江苏苏州虎丘塔
（来源：王新征 摄）

图 3-28　河北定州开元寺塔
（来源：王新征 摄）

图 3-29　江苏苏州报恩寺塔
（来源：王新征 摄）

式、单筒心柱式等，都有不少实例。出于对登临功能的重视，塔梯的结构和样式也很丰富。这个时期，仿木的楼阁式砖塔和砖木混合式塔在数量上已经远远超过密檐塔，成为主流样式（图 3-29）。适应整体艺术风格和建筑装饰风格的变化，宋代的异型砖制作和砖细、砖雕工艺更加精致、成熟，砖塔表面装饰华美（图 3-30）。明代是继唐、宋之后又一个建塔的高峰时期。其中南京大报恩寺琉璃塔是中国古代最高的砖塔，装饰华丽，在当时闻名海外，惜毁于太平天国运动时期（图 3-31）。除了传统的楼阁式塔外，元代藏传佛教的兴盛带来了白塔这一建筑形式的兴起，白塔多用砖砌造，必要时用铁箍加固，外涂白垩，其最早的例子是由尼泊尔匠师主持建造的北京妙应寺白塔，建成于元至元十六年（公元 1279 年）（图 3-32）。至明代，又有金刚宝座塔的形态出现，其下为金刚宝座，其上为五座密檐式塔，最早的实例为明成化九年（公元 1473 年）的北京真觉寺金刚宝座塔，基座内部为砖砌拱券结构，表面以石材包砌（图 3-33）。

图 3-30　北京天宁寺塔砖细、砖雕
（来源：王新征 摄）

图 3-31　《荷兰东印度公司使节团访华纪实》中的南京大报恩寺琉璃塔图
（来源：《L'Ambassade de la Compagnie Orientale des Provinces Unies vers L'Empereur de la Chine，ou Grand Cam de Tartarie》）

图 3-32　北京妙应寺白塔　　　　　　图 3-33　北京真觉寺金刚宝座塔
（来源：王新征 摄）　　　　　　　　　（来源：王新征 摄）

　　在塔自身建筑形式和建造技术的演变之外，塔在佛教建筑群中的位置及与建筑群中其他建筑的关系也体现出宗教建筑世俗化并与地域营建传统相融合的过程。佛教刚传入中国时，佛教寺院普遍依据印度式样，以塔为庭院的中心，四周围以围墙或附廊构成院落，宗教活动的式样主要是右旋绕行佛塔的仪式。随着佛教的本土化，供奉佛像以供朝拜成为对寺庙空间的要求，讲经弘法等宗教活动的复杂化和规模化也需要更大的空间，"佛殿"逐渐开始出现在寺院建筑中，形成"前塔后殿"的格局。在这一形式继续发展的过程中，以佛殿为代表的各类功能空间的重要性日益上升。同时南北朝时期佛教的兴盛带动的"舍宅为寺"的潮流也使得传统民居的合院式格局逐渐影响了寺院的功能和空间组织，开始出现多个佛殿围绕塔来组成院落的布局模式，至今在日本奈良飞鸟寺等寺庙建筑中仍然保存着三个佛殿围绕中间的佛塔布置的形态。但在寺院的空间组织中，佛塔仍然占据着更为重要的地位，形成功能性建筑实体围绕精神中心组织的围合形式。在中国寺院建筑后来的发展中，供奉佛像和举行法事等功能越来越重要，对室内空间的要求越来越高。这导致佛塔相对于佛殿的地位越来越趋于弱化，失去了在建筑秩序中的中心地位，被置于寺院的后面或者侧面，最终从很多寺院中消失。寺院成为完全以功能性空间为主体的组织方式。在中国佛教寺庙的这个演变过程中，体现了塔作为一种具有强烈外来宗教特征的精神中心要素从最开始的作为院落式建筑群空间组织的起点和中心直至最终消失的过程。

而对于乡土聚落中的塔来说，其功能、形式不仅体现了上述外来宗教逐渐世俗化、本土化的过程，同时也生动地展示出作为一种大传统的制度性宗教是如何与聚落的日常生活和乡土文化逐渐融合的。

图 3-34　云南迪庆香格里拉县独克宗古城白塔
（来源：王新征 摄）

图 3-35　广东三水大旗头古村文塔
（来源：王新征 摄）

除了少数传统时期以佛教作为主体宗教的地区外（图 3-34），在大部分乡土聚落中，塔的功能已经完全脱离了其原本作为墓葬或供奉佛像的功能，在很多情况下甚至已经彻底摆脱了与佛教的联系，反而与乡土社会的民间信仰之间存在着更为紧密的关系。

一个典型的例子是乡土聚落中的风水塔，与佛教宗教仪轨相关的佛塔、墓塔以及用于登高远眺的观景塔、料敌塔不同，风水塔大多并不提供登临功能，而仅是为了镇压风水，祈求一方平安福祉，在文教科举发达的地区，一般以文峰塔为名（图 3-35）。

另一个例子是乡土聚落中的惜字宫（也称惜字炉、字库塔、字葬塔），惜字宫的高度和体量通常比风水塔小，起源于传统文化中"敬惜字纸"的风俗，用于焚烧字纸，常供奉传说中的汉字发明者仓颉（图3-36）。

乡土聚落中的风水塔和惜字宫体量不大，功能简单，但借助与民间信仰文化中风水观念和文教传统的紧密联系，同样能够成为乡土聚落中重要的地标和空间节点。

以陕西韩城党家村为例，党家村位于陕西渭南韩城市东北方向的西庄镇，黄河西岸、泌水河谷北面的黄土台塬之间。聚落始建于元至顺二年，主要以党、贾两姓聚族而居为主。今天所见的聚落面貌，大体建于明清时期。清代前、中期，党家村人在外营商有成，民间富庶，民居建筑和公共建筑的数量和质量都得到了很大提升。聚落中现存民居120余座，祠堂10余座，以及庙宇、文星阁、看家楼、节孝碑等古建筑（图3-37）。

在宗族信仰方面，党家村现存祠堂十余座，其中党族祖祠和贾族祖祠分别是聚落中党姓和贾姓的宗族总

图3-36 四川成都洛带古镇字库塔
（来源：王新征 摄）

图3-37 陕西韩城党家村节孝碑
（来源：王新征 摄）

祠，是聚落宗族信仰活动的中心，总祠之外，还建有支祠多座。在制度性宗教方面，泌阳堡上建有双神庙，供奉关羽和观音菩萨，并与连二祠堂、私塾、涝池一起，形成围绕泌阳堡寨门的重要公共空间节点（图3-38）。历史上，党家村还有两座较大规模的庙宇建筑群，分别位于聚落东北角和东南角，称作"上庙""下庙"。上庙供奉观音菩萨、文殊菩萨、普贤菩萨、牛王庙、土地庙、送子娘娘庙，并建有戏台，

图3-38　陕西韩城党家村连二祠堂、涝池、寨门隧洞（来源：王新征 摄）

下庙供奉关羽、马王、法王房寅、药王孙思邈、火神、财神等神仙，体现了传统时期民间信仰多神合祀的特点，可惜均已不存。在具有地标意义的公共建筑方面，用于值班放哨、看家护院的看家楼，旌表节孝、装饰精美的节孝碑，以及供奉文曲星的文星阁，都是聚落中重要的地标性节点，其中文星阁为七级六边形塔式建筑，高37.5米，是聚落中的制高点，同时承担着风水塔的功能（图3-39）。

在聚落选址方面，党家村依塬傍水，建于泌水之阳的谷地之中，除村落北部白庙塬上为抵御匪患而修建的泌阳堡外，聚落整体起伏不大。在这种情况下，看家楼、节孝碑、

图3-39　陕西韩城党家村文星阁（来源：王新征 摄）

文星阁等塔类建筑的营建，不仅具有实用功能，更丰富了聚落整体的空间体系，增进了空间的可识别性和方位感（图3-40）。

图3-40　陕西韩城党家村（来源：王新征 摄）

4 乡土聚落中的制度性宗教建筑

在传统时期的乡土社会中，制度性宗教一方面仍是信仰活动和信仰文化中最为重要的组成部分，发挥着大传统的教化与引导作用，并在一定程度上影响着民间信仰的发展方向，另一方面又与乡土社会的民间信仰和地域文化逐渐融合，从而呈现出与其原本的宗教教义和仪轨迥然不同的面貌。这一点也体现在其对应的寺观等信仰类建筑中。

4.1 大传统与小传统

美国人类学家罗伯特·芮德菲尔德在《农民社会与文化：人类学对文明的一种诠释》一书中提出了"大传统"与"小传统"的概念："在某一种文明里面，总会存在着两个传统：其一是一个由为数很少的一些善于思考的人们创造出的一种大传统，其二是一个由为数很大的、但基本上是不会思考的人们创造出的一种小传统。大传统是在学堂或者庙堂之内培育出来的，而小传统则是自发地萌发出来的，然后它就在它诞生的那些乡村社区的无知的群众的生活里摸爬滚打挣扎着持续下去。"[1] 在前述的中国传统时期乡土社会影响较大的诸多信仰活动和信仰文化类型中，长期作为官方主流意识形态的儒家思想无疑是典型的大传统，制度性宗教相对来说也可以视为一种主要归属于大传统的信仰类型；而民间信仰无论从其来源、内容还是表现形式来看都带有典型的小传统特征；至于在中国传统乡土社会中普遍存在的祖先崇拜与宗族信仰，一方面从其起源和内容来看与小传统类的民间信仰

---

[1] 罗伯特·芮德菲尔德.农民社会与文化：人类学对文明的一种诠释.王莹，译.北京：中国社会科学出版社，2013：93.

更为接近，另一方面又由于历代政府官方主流意识形态对家国同构、忠孝节义的强调与宣扬，使得宗族信仰与作为大传统的儒家思想在理论和实践层面都产生了密切的联系。

按照芮德菲尔德的理论，大传统与小传统之间存在着相互的影响、渗透和转化。但相对来说，大传统对小传统的影响和渗透通常处于较为主导的地位。越是在存在主流的官方或精英文化形态的社会中，这种大传统与小传统之间交流的不对称性就越明显。也就是说，作为大传统的官方文化、精英文化，会对民间文化、乡土文化产生较大的影响；反过来，民间文化、乡土文化影响官方文化、精英文化则相对更为困难。

对于中国传统时期官方文化、精英文化与民间文化、乡土文化之间的关系来说，情况实际上要更为复杂一些。一方面，官方文化、精英文化对民间文化、乡土文化的影响，以及各地民间文化、乡土文化之间的彼此影响确实是非常明显的。这一点首先与自然地理因素的影响有关。中国所处亚欧大陆东部、太平洋西岸的地理位置，位于四周天然屏障形成的相对封闭的区域中：东面是海洋；南面地形复杂，同时热带雨林的地貌在传统生产条件下是很难通行的障碍；西面是隆起的山地和高原，只有少数山口可供通行，至今仍是东亚与南亚次大陆之间的天然屏障；北面则是广袤的草原和荒漠。而相对于四周难以逾越的自然屏障来说，除了少数边疆区域，内部的各地域之间并无绝对的地理分隔，特别是在作为文明发祥地和传统时期主要人口聚居区的大河流域之间，没有来自自然原因的大的障碍。这种地理状况导致了一系列的结果。一方面周边的地理屏障使传统时期的中国文明与周边的其他文明（例如印度文明、阿拉伯文明、日本文明等）之间一直缺乏持久而稳定的有效交流，因此中国文化在历史进程中总体上较少受到外来文化的影响，保持了相对稳定的发展方向。一个例子是中国和印度这对邻居，双方之间交流的存在是毫无疑问的，并且这种交流带来了非常重要的结果——印度给中国带来了也许是它历史上最为重要的宗教。即使是这样，在距离和复杂地形的阻隔下，二者的交流也是非常不稳定的，以至于玄奘法师往返于印度的经历被描绘成《西游记》中那样充满妖魔鬼怪和艰险磨难的旅程。并且，玄奘的历险行为得到经久的流传并被各种文学作品和民间传说广泛传颂的状况，本身也说明了这样的行为所具有的稀缺性。另一方面，强有力的中央政府的存在也一直在强化这种趋向。中央政府在交通和信息基础设施方面的投入使进一步突破地理界限有了物质上的基础。秦统一六国之后就有了秦直道的建设，其后历代在驿道和以驿站为核心的信息传递体系上均有大规模的投入。其初衷主要是为了政令传达和军事调动，但在客观上确实促进了地域之间在人员、信息、技术和文化上的沟通与交流。而类似大运河这样的大型交通工程更是从根本上改变了黄河流域到长江流域之间的地理空间格局。除了使地域之间文化和技术的传播更加便捷之外，从最为直接的角度看，这些交通基础设施上的巨大成就也在很大程度上影响着建造行为：工匠和材料在地域之间的快速低成本转运成为可能，从而使得基于资源和技术条件的地域性在一定程度上受到冲击。总而言之，传统中国疆域内部各地域之间相对便利的沟通条件促进了地域之间的交流，也强化了官方主流文化对地域文化的压制和渗透。而作为结果表现出来的，则是与中国政治上一直存在的大一统观念相对应，中国传统文化也表现出这种大一统的趋向。具体到本书所关注的领域而言，能够看到，尽管在中国的各个地域都保留了有一定特色的信仰文化和信仰类建筑，但总体上，这种独特性比起其共同点来说是有限的。并且，在特定地域的信仰文化和信仰类建筑体系形成的过程中，文化之间、地域之间的交流特别是作为官方主流意识形态的儒家思想以及道教、佛教等主要制度性宗教往往发挥着相当重要的作用。

但同时也要看到，相对于一些文明形态中较为明显的大传统对小传统的单方面的影响来说，中国传统文化中大传统与小传统的关系相对更为均衡。其原因在于，在中国传统时期的大部分时间里，中央与地方之间、大传统与小传统之间的交流并非是单方向的，而是存在着稳定的双向交流渠道。在大一统的政治观念的驱动下，自秦统一六国后，废分封而设郡县，并由朝廷任命和派遣地方首长，之后的历代政府都很重视从制度上维持国家的统一，防止地方的割据与分裂。这些制度客观上也促进了中央与地方之间，以及地域之间的交流。特别是隋代以后，科举制度在很大程度上促进了知识阶层从地方向中央持续性的流动。同时，官员异地为官、任期轮换、"退而致仕"的退休制度，以及叶落归根、归隐田园的文化观念，与科举制度一起，构成了中央与地方之间，以及地域之间人员流动的完整循环，从典章制度方面进行强制化的人员流动进而促进了中央与地方之间以及地域之间的交流。尽管制度所涉及的官员和知识分子阶层在社会总人口数量中所占的比例很低，但在传统社会条件下，这部分人却是影响甚至决定社会文化和审美取向的主导力量。因此，上述人口流动对中央与地方之间，以及地域之间文化交流和技术交流的影响要远远超过其人口数量所占的比重。在这种情况下，不仅官方文化、精英文化会影响地域性的民间文化、乡土文化，各地的地域文化也会反过来作用于官方文化、精英文化，并逐渐重塑其性格。

因此能够看到，固然各地乡土社会的民间信仰都会受到作为官方主流意识形态的儒家思想以及道教、佛教等主要制度性宗教的影响，但同时儒家思想和制度性宗教也在不断地从地域文化中获得新的内容，从而逐渐地域化和世俗化。特别是位于乡土环境中的制度性宗教建筑，会明显地呈现出受到所处地域民间信仰文化和信仰建筑影响的特征（图4-1）。

即使是作为官方主流意识形态最集中体现的文庙建筑，也不可避免地受到这种文化之间彼此交流与融合的影响。例如，通常来说，除了北宗和南宗的孔氏家庙以及曲阜、北京两处作为国家礼制一部分的

图4-1　广东揭阳棉湖镇永昌古庙（来源：王新征 摄）

国庙外,各地学庙大体上分为府文庙和县文庙两级,分别位于府、县治所所在地。但在实际中,也有一些修建在村落中的文庙的例子。这种有违礼制的做法,实际上体现了官方制度对地域文化的一种妥协,大传统对小传统的一种尊重。例如云南大理云龙县诺邓古村的诺邓文庙(图4-2)。诺邓历史上是重要的井盐产地,曾是明政府设立的"五井盐课提举司""上五井巡检司"等官方盐业管理机构所在,故而被特许营建文庙。这体现了由于传统时期盐业在整个国家民生和经济中所占据的重要地位,作为盐业重地的诺邓所具有的非同一般的话语权,以至于在一定范围内能够突破礼制的束缚(图4-3)。从诺邓文庙的建筑形态

图4-2 云南大理云龙县诺邓村文庙(来源:王新征 摄)

图4-3 云南大理云龙县诺邓村(来源:王新征 摄)

也能够看出，由于不受府、县文庙规制的限制，诺邓文庙在选址、格局方面都不同于一般的府县学庙，更多地体现了乡土聚落公共建筑的特征（图4-4）。就诺邓村整体上信仰活动和信仰建筑的状况而言，也具有大传统与小传统混合交融的特征。聚落及周边既有文庙、武庙，也有玉皇阁、香山寺等制度性宗教建筑，而龙王庙、祠堂等民间信仰类建筑历史上更是遍布聚落之中，白族的本主崇拜也具有相当的影响力（图4-5）。仅就玉皇阁建筑群一处而言，在道教信仰之外，还包含了文庙、武庙、弥勒殿等多样性的信仰形态（图4-6），充分体现了明清时期在地域经济发达的背景下，诺邓村信仰活动发达、大传统与小传统交融共生的文化状况。

又如山西沁水西文兴村的柳氏民居聚落，在聚落入口处结合地形高差集中建造柳氏宗祠、关帝庙、魁星阁、真武阁、文庙、文昌阁等信仰类建筑，并建有戏台，既作为整个聚落的入口，也是聚落信仰活动的中心（图4-7）。文兴村是河东柳氏后裔为躲避政治迫害迁徙营建，因此特意选址于历山深处。家族中的书院建筑，仿照官方庙学的形制，

图 4-4 | 图 4-5
图 4-6
（来源：王新征 摄）

图 4-4　云南大理云龙县诺邓村文庙棂星门
图 4-5　云南大理云龙县诺邓村龙王庙
图 4-6　云南大理云龙县诺邓村玉皇阁建筑群

在学堂之左设立孔庙，体现了来自官方礼制和儒家思想的大传统对乡土聚落营建的影响（图 4-8）。

4.2 乡土寺观

具体到中国传统时期乡土环境中的制度性宗教寺观而言，除了规模小、形制简单、装饰朴素这些受制于乡土聚落中用地与建造成本条件严格限制所造成的结果外，一个重要的特征就在于与乡土聚落中民间信仰活动和民间信仰建筑彼此交流与融合，并在这个过程中逐渐世俗化和地域化（图 4-9）。

事实上，从更广阔的范围内来看，中国传统时期制度性宗教的世俗化，是一个长期持续的过程，并不仅仅限于制度性宗教与民间信仰之间的相互影响。例如，制度性宗教寺观建筑与官式建筑中的宫殿建筑显然存在着密切的联系。严格地说，宗教建筑并不属于官式建筑的范畴，虽然也出现过王朝统治者将佛教或者道教视为国教尊崇的情况，但持续的时间都不长，在中国的历史中始终没有出现过西方或者伊斯兰世界那种长时间持续的、具有巨大影响力的统一信仰，也没有任何宗教取得过高于皇权的地位。事实上，在中国历史大多数时期，政权

图 4-7 山西沁水西文兴村柳氏
民居聚落入口、关帝庙、魁星阁
（来源：王新征 摄）

图 4-8 山西沁水西文兴村文庙遗址
（来源：王新征 摄）

图 4-9 广东澄海程洋冈村丹砂古寺（来源：王新征 摄）

和宗教之间都是处于相对疏离的状态。但是同时也不能否认，中国制度性宗教建筑的形制确实受到了作为官式建筑传统最集中体现的宫殿建筑的影响，从而与同时代的官式建筑保持了相当程度的一致性。这一点无论从建筑群体组织、单体建筑结构样式还是细部装饰风格等方面都有明显的体现。事实上，由于王朝更替的动乱和战争等原因，明代之前的宫殿和府邸建筑多数已不复存在的情况下，乱世中更容易得到保存的宗教建筑今天已经成为研究传统官式建筑形制的重要样本。

总体上看，传统中国社会中影响力最大的宗教主要是佛教、道教和伊斯兰教。其中伊斯兰教建筑部分采用了外来的形式，部分则采用了地域性的建筑样式和风格，并未形成统一的、具有独创意义的样式。而道教建筑尽管历史悠久影响广泛，但在建筑方面并没有形成独立的风格，主要受到宫殿建筑和佛教寺院建筑的影响。因此，通常来说对制度性宗教建筑形制的叙述，更多地都是围绕佛教寺庙建筑展开。正如本书前文中曾经提到过的，佛寺建筑在中国的发展，其基本的逻辑就是以佛塔为代表的精神空间被以佛殿、法堂为代表的功能性空间所代替，进而带动建筑群的组织方式从向心式向院落式转变。而在这种建筑形制发展逻辑背后的支撑因素，首先是中国文化不重视超验的纯粹精神性体验，而重视现世化的世俗生活，这导致了中国佛教强烈的世俗化色彩。如前文中所言，与中国民间信仰相类似，而不同于西方的一神崇拜信仰和印度本土佛教中的人神关系，中国佛教（以及几乎所有中国宗教）中的人神关系都更接近一种利益交换的契约关系——人礼敬神并为其提供殿堂、塑像和香火，相应地，神回应人的祈求。在这种情况下，供奉佛像和容纳法事活动的殿堂的重要性自然会超过作为纯粹崇拜物的佛塔。第二个支撑因素是中国传统居住建筑中普遍采用的院落式的空间组织模式，这种居住建筑的形态几乎影响着中国的所有建筑类型，并因为佛教传入早期"舍宅为寺"的潮流迅速地对佛寺建筑产生影响。以上这些社会和文化原因所构成的完整的逻辑系统推动着中国佛寺形制沿着确定方向的演变（图4-10）。

这种形制发展的完善形式就是寺庙中建筑空间组织成纵向的连续合院形式，与民居建筑几乎是完全同构的（图4-11）。同时由于受到了宫殿建筑比较大的影响，加之要求更大更高的室内空间以供奉更大的佛像的功能要求，佛寺建筑中沿纵轴方向的主殿（例如大雄宝殿）的体量增大，平行于纵轴方向的配殿相对趋于弱化。结果是合院样式趋于减弱，主要殿堂的中心地位更为突出，类似于早期佛寺中"金

图4-10 北京门头沟区潭柘寺（来源：王新征 摄）

堂"的布置，甚至出现了一些与宫殿
建筑极为类似的，由连续的附属建筑
围成较大尺度的院落，主要殿堂置于
其中的例子。值得一提的是，这种做
法也出现在一些乡土聚落中的宗祠等
民间信仰建筑中，大体上也可视为
官式建筑大传统影响乡土营建的例子
（图4-12）。

此外，上述佛寺形制发展的历程
主要是以汉传佛教特别是禅宗为主要
描述对象的，而在其他地区和宗派中
则保存和发展了一些不同的形式。例
如藏传佛教的佛寺，多依山而建，布
局自由，不拘泥于严整的轴线和院落
组织（图4-13）。同时，虽然不以佛
塔作为主要崇拜对象，但藏传佛寺中

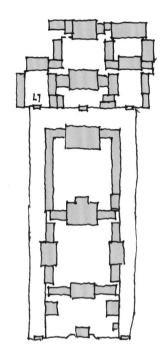

图4-11 北京智化寺总平面布
置图（来源：王新征 绘制）

图4-12 浙江兰溪芝堰村孝思堂（来源：王新征 摄）

图4-13　云南迪庆香格里拉县松赞林寺（来源：王新征 摄）

却保留了具有中心要素的合院形式，只不过院落的中心不是佛塔，而是殿堂。这种样式的院落往往比较封闭，与中间的大体量殿堂形成具有感染力的虚实对比关系，从空间意象上来说与印度的岩凿寺庙建筑有一定的类似之处（图4-14）。

以上简要叙述了以佛教寺庙为代表的制度性宗教建筑在世俗化过程中的整体发展逻辑，正是这一整体逻辑在支配着制度性宗教建筑与民间信仰建筑以及乡土聚落地域自然和社会环境之间的互动关系。首先，正是由于制度性宗教建筑与居住建筑形成空间组织模式上的同构关系，使得乡土聚落中的制度性宗教建筑无论是在空间组织模式上还是建筑形式与风格上都没有成为具有明显异质性的要素，这是制度性宗教建筑能够被整合进乡土聚落空间结构和视觉系

图4-14　河北承德普陀宗乘之庙（来源：王新征 摄）

统的基本前提（图4-15）。其次，在制度性宗教地域化与乡土化的过程中，这种与乡土建筑营建体系在基本逻辑上的一致性也使得制度性宗教建筑能够以与乡土建筑近似的方式回应地域的自然地理、资源经济和社会文化条件，使得这种地域化和乡土化的进程以一种更为自然的方式展开，而明显有别于外来制度性宗教建筑的在面对乡土环境时所采取的方式（图4-16）。

　　除了更多归属于空间营建领域的内容外，乡土环境中制度性宗教寺观与民间信仰建筑的交流与融合还体现在供奉、祭祀对象方面的彼此交流与借用上。前文中关于民间信仰对象类型的讨论中曾经提到过民间信仰中的一些崇拜对象借用制度性宗教神灵的做法，相关的例子在各地民间信仰中较常见。同时，道教的很多神灵本来就来自民间信仰，佛教在本土化的过程中也常根据民间的信仰需求做出改良。因此实际中在乡土聚落中常有一位神灵、一座庙宇同时承载制度性宗教和民间信仰的供奉、祭祀需求的例子。以四川犍为罗城古镇的灵官庙为例，罗城古镇的主体位于山丘顶端，以一条东西向的主街作为古镇的中心，两侧为单层单坡的沿街廊檐，称为"凉厅街"。又因古街两端窄，中间宽，鸟瞰形似一艘大船，故又被称为"船形街"。凉厅街始建于明代崇祯年间，成形于清代，其空间形态和公共活动方式至今仍保留着部分明清时期老四川的人文风貌（图4-17）。灵官庙位于凉厅街东端，初建于清乾隆年间，供奉灵官菩萨祈求雨水，与街道的船形同样表达出地域悠久的祈水文化（图4-18）。传统上，灵官庙供奉王灵官，

图4-15 江西井冈山市茅坪村象山庵
（来源：王新征 摄）

图4-16 山西襄汾丁村观音庙与民居
（来源：王新征 摄）

图4-17　四川犍为罗城古镇凉厅街（来源：王新征 摄）

为道教护法神，因此通常被认为是道教庙宇。但民间各地也常有称灵官庙所供为"灵官菩萨"的说法，实际上属于制度性宗教之间彼此影响的附会。同时，无论是道教中的王灵官，还是佛教中附会的"灵官菩萨"，都并无司降雨的神职，因此罗城当地向灵官菩萨祈雨的做法实际上缺少制度性宗教中相关神职的依据，而更多地是基于地域文化中与祈水相关联的民间信仰内容的附会（图4-19）。

图4-18　四川罗城古镇凉厅街与灵官庙
（来源：王新征 摄）

图4-19　四川罗城古镇灵官庙
（来源：王新征 摄）

此外，制度性宗教之间、制度性宗教与民间信仰之间多神合祀的做法在乡土聚落的制度性宗教寺观中也很常见，这也是制度性宗教寺观与民间信仰建筑交流与融合并适应乡土环境信仰活动和信仰文化客观状况的结果（图4-20）。

4.3　外来宗教建筑的本土化

前文曾经提到，在中国传统时期主要的制度性宗教中，道教属于本土宗教，佛教传入中国的时间较早，并在长期的发展中逐渐本土化，最终与道教一样成为中国传统时期最为重要的制度性宗教信仰。相对来说，其他外来宗教在传入中国后的发展都没有像佛教一样获得全国范围内的成功，其本土化和世俗化进程也不像佛教那样彻底。但在这些外来的制度性宗教与中国传统乡土社会的信仰文化接触和碰撞的过程中，会存在彼此的相互影响，以及在此基础上的乡土化与地域化。这一点也会直接体现在这些宗教类型相关的建筑形式中。

以伊斯兰教为例，伊斯兰教约在唐代传入中国，在中国一些地区形成了穆斯林聚居的聚落。同时，伊斯兰文化相关的建筑样式也传入中国，例如伊斯兰教的礼拜寺，其兴建在唐代时已经开始出现，现存之广州怀圣寺光塔，有可能建于晚唐时期（并无确证，亦有南宋时重建的说法），塔身青砖砌筑，表面以蚬壳灰抹灰，建筑风格与技术

图4-20　山西榆次后沟村观音堂，奉祀观音菩萨、送子娘娘、财神、韦驮、赵襄子

（来源：王新征 摄）

均与同时期建筑差异明显，应为来华的穆斯林工匠主持修建。及至元朝，这类域外风格的礼拜寺的兴建更加频繁。按《蒙古史》一书中作者多桑引用《世界侵略者传》中的记载："盖今在此种东方地域之中，已有伊斯兰教人民不少之移植，或为河中与呼罗珊之俘虏，掳至其地为匠人与牧人者，或因金发而迁徙者。其自西方赴其地经商求财，留居其地，建筑馆舍，而在偶像祠宇之侧设置礼拜堂与修道院者，为数亦甚多焉。"[1] 显示了当时伊斯兰建筑的营建情况。例如杭州凤凰寺，创建于唐，元朝时由著名伊斯兰传教士阿老丁主持重修，现存的窑殿由三座穹顶无梁殿组成，中间一座可能为宋时所建，其余两座为元代增建（明代可能曾依元代式样重修过），大殿全用砖砌成，四角处以平砖和菱角牙子交替叠涩，形成三角形穹隅，具有与略早时期中亚伊斯兰建筑穹顶类似的风格和技术特征。类似的案例一直延续到明代前期，例如北京东四清真寺砖穹顶窑殿（另有观点认为建于元代）等。

在伊斯兰建筑文化与中国乡土社会建筑文化碰撞与融合的过程中，一些区域的伊斯兰建筑，受到了邻近的汉族建筑的影响，逐渐被同化，转而采用汉地建筑的木构架体系。例如在云南大理的一些回族村落中，无论是清真寺建筑还是居住建筑，都采用当地的木构架合院式体系，从聚落和建筑形态看已经与其他民族村落差别不大（图4-21）。甚至连伊斯兰传统中有着明确规定的装饰纹样，也逐渐受到地域装饰文化的影响，呈现出混合式的面貌（图4-22）。在另一些例子中，伊斯兰建筑中则保存了较多的外来文化的影响，例如福建泉州的清净寺（图4-23）。而在新疆的维吾尔族建筑中，伊斯兰建筑文化与新疆地区的自然地理特征实现了有机融

图4-21　云南大理东莲花村回族民居、清真寺
（来源：王新征 摄）

［1］　多桑.多桑蒙古史.冯承钧，译.北京：中华书局，1962：7.

图 4-22 ▶
（来源：王新征 摄）

(a) 甘肃临夏北寺照壁　　(b) 云南大理东莲花村回族民居照壁

合，创造出了独特的院落式住宅形态。

　　类似的情况也发生在基督教传入中国后的本土化进程中，造就了各地乡土聚落中基督教教堂建筑相当多样化的面貌：既有在很大程度上保持了外来文化影响的做法，也有较为彻底本土化和地域化的例子，当然更多的是介乎其间的形态丰富的混合样式（图 4-24）。

　　一些在发展中逐渐趋于弱化、在中国乡土社会中的影响力已经近乎消失的外来宗教，也在其对应的宗教建筑中留下了曾经发生过的本土化进程的痕迹。以祆教（琐罗亚斯德教）为例，今天中国仅存的一座祆教建筑，位于山西介休的祆神楼，在建筑形式和营造体系上已经呈现出完全本土化的面貌，仅仅在其建筑装饰的使用上还残留着其发源地建筑文化的痕迹（图 4-25）。

图 4-23｜图 4-24
图 4-25
（来源：王新征 摄）

图 4-23　福建泉州清净寺
图 4-24　四川崇州元通古镇天主教堂
图 4-25　山西介休祆神楼

5 民间信仰建筑的空间与形式

就民间信仰建筑空间组织、建筑形式、营造体系以及装饰艺术的来源而言，一方面受到制度性宗教寺观建筑的影响，另一方面也受到地域自然地理、资源经济和社会文化条件以及既有营造传统的制约，从而呈现出极大的丰富性和多样性。这种多样性恰恰与民间信仰活动和信仰文化自身的多样性相对应，也是民间信仰建筑最大的魅力之所在。

5.1 数量与规模

各地乡土聚落之间，在民间信仰活动和民间信仰建筑方面的差异首先体现在其数量和规模上，这是衡量地域信仰活动和信仰文化发达程度最为直接的指标。对于特定聚落来说，信仰活动和信仰建筑的发达程度与地域的自然地理、资源经济和社会文化环境条件都有密切的关系，同时也受到地域之间、官方文化与地域文化之间持续性的彼此交流与融合的影响。这些因素作用的方式和程度并不是线性的、简单化的，而是彼此之间存在着复杂的关系。例如，相对来说，经济发展水平越高，特别是商品经济越发达的地区，相对原始的民间信仰生存的土壤越可能受到冲击，同时民间的富庶也可能使得信仰类建筑的营建活动达到一个更高的水平。又如，在越接近封建王朝统治中心、文化上受官方主流意识形态影响越强的地区，民间信仰总体上会受到儒家思想的压制，但在一些情况下，这反而会为佛教、道教等制度性宗教的发展创造更大的空间。

总体上看，就传统社会晚期乡土社会中信仰活动发生的频度、信仰文化在地域文化中的影响力，以及信仰类建筑的数量、规模而言，全国范围内乡土聚落大体上可以划分为如下几种情况：

其一，一些地处边陲或因地形地貌原因交通不畅地区的少数民族聚落，因与外界的文化交流较少，受作为封建王朝官方主流意识形态的儒家思想的影响较弱，受道教、佛教等主要制度性宗教的影响也较薄弱，本民族、本地域原生性的民间信仰文化得到了较好的保存。在这一类乡土聚落中，通常到传统社会晚期仍会保留一定数量的民间信仰建筑，但建筑的规模通常不大，空间布局也较简单，与聚落的生产生活活动结合较为紧密，具有典型的民间信仰建筑的特征。这一类聚落的典型例子如云南红河哈尼族彝族自治州的哈尼族聚落（图5-1），广东粤北连南瑶族自治县的瑶族聚落（图5-2），贵州黔东南苗族侗族自治州的苗族、侗族聚落等（图5-3）。

其二，一些历史上因地缘等因素，外来制度性宗教在地域信仰文化中长期占据主体地位的少数民族聚落，受作为封建王朝官方主流意识形态的儒家思想的影响较弱，除地域主体宗教外的其他制度性宗教以及民间信仰文化均受到压制。在这一类乡土聚落中，除了地域主体宗教的庙宇外，其他的信仰类建筑均较少见，民间信仰的残余影响多体现为与地域主体宗教伴生的形式。这一类聚落的典型例子如西藏、青海、内蒙古、云南等地以佛教作为地域主体宗教的藏族、蒙古族聚落（图5-4），新疆、甘肃、宁夏及其他部分地区零星分布的维吾尔族、回族聚落等（图5-5）。

图5-1 云南元阳箐口村磨秋场与祭祀房
（来源：王新征 摄）

图5-2 广东连南南岗古排南岗庙
（来源：王新征 摄）

图 5-3 | 图 5-4
图 5-5
（来源：王新征 摄）

图 5-3　贵州榕江三宝侗寨萨玛祠
图 5-4　内蒙古土默特右旗美岱召村美岱召
图 5-5　陕西西安化觉巷清真大寺一真亭

其三，传统农耕文明地区的乡土聚落，受作为封建王朝官方主流意识形态的儒家思想的影响较强，佛教、道教等主要制度性宗教也有较强的影响力，相对来说民间信仰受到一定程度的压制。在这一类乡土聚落中，制度性宗教寺观在信仰类建筑中占据了相当的比重，与农事生产和传统农耕社会日常生活相关度较高的民间信仰建筑也较为发达。同时，地域文化中以农为本、耕读传家、崇文重教的传统文化属性较强，家族意识浓厚，重伦理纲常，宗族信仰的祠堂、家庙也较为常见。这一类聚落的典型例子如陕西关中、江西、徽州、两湖等地的乡土聚落（图 5-6）。

其四，一些地区的乡土聚落，或因传统社会晚期长期邻近王朝政治中心或文化中心，受统治阶层文化影响，大型宗族易受猜忌和压制；或因受长期战乱影响，人口迁徙频仍，社会变动较剧烈，移民人口所占比重较高，单姓聚落较少；或因受商业活动兴盛影响，人口流动性较大，散居宗族比例相对较高，使得传统的祖先崇拜和宗族信仰亦受到压制。在这一类乡土聚落中，制度性宗教寺观在信仰类建筑中占据

（a）安徽上饶安坑村孚慧寺　　　　　　（b）安徽上饶安坑村龚氏宗祠

了较大的比重，同时与传统社会日常生活相关度较高的关帝庙、土地庙、五道庙、娘娘庙、龙王庙等民间信仰建筑也较为常见，但宗祠规模一般不大，也多有不设独立宗祠的。这一类聚落的典型例子如京畿、山西、中原、淮扬、江南等地的乡土聚落（图5-7）。

其五，南方沿海地区的一些乡土聚落，因明清时代相对远离统治中心的地理位置、民间的富庶以及经济模式上对海洋的依赖，加之传统社会晚期的对外贸易活动，地域文化呈现出多元融合的特征。一方面具有很强的宗族观念和族群意识，对新的信仰文化形态抱持较为开放的心态。在这一类乡土聚落中，与祖先崇拜和宗族信仰相关的宗祠、家庙，佛教，道教等制度性宗教的寺观，以及形形色色的民间信仰建筑，都有其充足的生存空间，造就了这些区域乡土聚落中信仰活动高度发达、信仰建筑林立的面貌。这一类聚落的典型例子如福建闽南等地的乡土聚落（图5-8），广东广府、潮汕、雷州等地的乡土聚落（图5-9），以及台湾、海南、广西部分地区的乡土聚落等。

图5-7　山西阳泉大阳泉村广育祠，供奉伏羲、女娲　　　　　　图5-8　福建泉州通淮关岳庙
（来源：王新征 摄）　　　　　　　　　　　　　　　　　（来源：王新征 摄）

其六，西南部分地区乡土聚落中的信仰活动也呈现出高度多元化的特征，既有制度性宗教的寺观，又有宗族信仰的宗祠，形形色色的民间信仰高度发达。其原因在于民族文化的碰撞，不同民族带来了不同的信仰活动类型，并在地域化的进程中逐渐融合，造就了这些地区乡土聚落中高度丰富的信仰文化形态。这一类聚落的典型例子如云南、广西、贵州、四川、重庆、两湖等地汉族文化与少数民族文化融合地区的乡土聚落（图5-10）。

5.2 功能与空间

民间信仰建筑功能与空间的组织，总体上受到两个方面因素的影响。其一是来自官式建筑以及制度性宗教寺观的大传统的影响，其二则是来自地域乡土建筑传统特别是居住建筑功能与空间组织模式的小传统的影响。对于部分地区来说，上述两个影响因素在某些方面可能会表现出高度的一致性。例如在大部分地区的汉族乡土聚落中，合院式的空间组织模式无论从官式建筑的影响方面还是从乡土民居的地域形式来看都几乎是必然的选择，但同时也有反面的例子。特别是考虑到民间信仰活动的复杂性和多样性，其所对应的信仰建筑的功能和空间组织模式也会同样呈现出复杂性和多样性的特征。

其中，单进院落式的空间组织模式是应用非常普遍的类型。

一方面，合院式的空间组织模式对于官式建筑、制度性宗教寺观

图5-9　广东澄海樟林古港国王庙　　　图5-10　云南建水团山村大成寺，佛教与刘关张民
（来源：王新征 摄）　　　　　　　　　　间信仰合祀（来源：王新征 摄）

以及全国大部分地区的乡土民居建筑来说是最为常见的选择。另一方面，单进院落的形式在大多数情况下也能够适应民间信仰活动灵活、分散、规模较小的特征。因此几乎所有类型的民间信仰建筑中都不乏采用单进院落空间组织模式的实例。在单进院落式的民间信仰建筑中，正房通常是用于供奉、祭祀的空间，厢房或是也用于供奉、祭祀，或是用于储物等辅助功能，南方地区两厢开敞甚至不设厢房的做法也较常见。倒座以居中设大门的居多，两侧通常为辅助用房（图5-11）。即使乡土民居在东南角部开设大门的地区，信仰类建筑通常也采用居中开门的做法，体现出对仪式性和纪念性的强调。相对于制度性宗教的寺观和宗族信仰的祠堂、家庙来说，多进院落式的空间组织模式在民间信仰建筑中应用并不普遍，主要原因在于相对更为严格的营建成本的限制。从实际中所见来看，乡土聚落中民间信仰建筑采用多进院落的空间组织模式的，大体上属于如下两种情况：一种是对于特定地域或特定群体特别重要的民间信仰的区域性的大型庙宇，这类信仰建筑服务的人群不限于单一或邻近聚落，而是服务于范围较大的一片区域。比较典型的例子如福建沿海地区一些大型的天后宫（图5-12）。再如各地的城隍庙，作为兼有道教和民间信仰性质的神灵，城隍通常被视为地方保护神，在很多地区都是非常重要的祭祀对象，其庙宇规模通常较为宏大（图5-13）。另一种则是多神合祀的信仰建筑，特别是制度性宗教神灵与民间信仰神灵合祀的庙

图5-11　广东澄海程洋冈村晏侯庙
（来源：王新征 摄）

图5-12　福建泉州天后宫及周边街区
（来源：王新征 摄）

图 5-13　陕西咸阳三原县城隍庙
（来源：王新征 摄）

宇，往往也具有较大的规模。多进院落提供了更多的室内空间，使得室内空间的专门化程度更高，供奉神像的空间和仓储、辅助类空间的区分更为清楚。此外，无论是寺观、庙宇还是祠堂，多进院落信仰建筑的第一进倒座位置设置戏台在很多地区都是较为普遍的做法，大型庙宇也有在寺内设独立戏楼的（图 5-14）。

　　另一方面，也有部分庙宇摆脱了合院式空间组织模式的限制，采用了近似于单一大空间的形式。实际上，从信仰类建筑空间形态演进的历史来看，为崇拜、信仰和祭祀活动提供充足的空间一直是发展的主要方向。无论是佛教、道教等制度性宗教，还是类型丰富的民间信仰，又或是在乡土社会普遍存在的宗族信仰，都有特定的祭祀仪式。因此，无论是寺观、庙宇还是祠堂，其发展趋势都是越来越重视可供举行仪式而不仅仅是供奉的空间。在这种情况下，将原有合院式建筑中分散的室内空间连接为一个整体应该是一种自然的做法。这类建筑多位于苏浙、两湖、川渝等南方降雨较多的地区，室外空间的使用受天气状况影响较大，同时地域乡土建筑的院落形式多以狭小的天井为主。在这种情况下，通风排湿要求不高的公共建筑中封闭部分天井获得连续的室内空间，可以视为原有地域建筑形态因应功能需求所做出的自然演进。这种近似集中式的空间组织模式的典型例子如南方一些地区的城隍庙（图5-15），以及四川各地的川王宫等民间信仰庙宇中也较多见（图5-16）。

图5-14　陕西咸阳三原县城隍庙戏楼
（来源：王新征 摄）

图5-15　浙江金华汤溪镇汤溪城隍庙
（来源：王新征 摄）

图5-16　四川大邑新场镇川王宫（来源：王新征 摄）

无论在南方还是北方，在大多数乡土聚落中，民间信仰建筑最为常见的空间模式实际上是单栋建筑，不设院落，通常为三开间，内部主要用于供奉神像和简单朝拜，并不提供举行复杂的祭祀仪式的内部空间（图5-17）。在一些例子中，规模更小的庙宇已经不具备建筑的基本尺度，其内部空间并不容纳人进入，而是仅供陈列神像（图5-18）。相应地，建筑门前邻接的室外场地会变得更为重要，提供较大规模祭祀活动时人流集聚的功能，因此也常有以临时性构筑物遮蔽的做法（图5-19）。

此外，一些民间信仰庙宇与制度性宗教寺观伴生设置，通常位于制度性宗教寺观中边路或厢房等较为次要的位置，可以视为制度性宗教地域化的过程中逐渐与地域原有信仰文化相融合的产物（图5-20）。

5.3 形式与风格

在形式与风格方面，民间信仰建筑同样体现了大传统和小传统的

图5-17 山西榆次后沟村龙王庙
（来源：王新征 摄）

图5-18 广东揭阳棉湖镇天公亭
（来源：王新征 摄）

图5-19 广东澄海樟林古港"即南海"观音庙、福德祠（来源：王新征 摄）

图5-20 山西介休后土庙内关帝庙、土神庙（来源：王新征 摄）

交流与融合。一方面，作为与地域自然社会条件具有更高契合度的信仰类型，民间信仰建筑的形式和风格必然会与地域乡土建筑特别是民居建筑的整体风格保持密切的联系；另一方面，信仰建筑的特殊性又会使其更容易受到官式建筑以及制度性宗教寺观形式与风格的影响。

因规模和体量通常不大，在大多数情况下，乡土聚落中民间信仰建筑的形式表达主要集中在如下四个方面：

1. 屋顶

无论是对于官式建筑以及很大程度上受到官式建筑影响的道教、佛教等制度性宗教寺观，还是对于大多数地区的乡土建筑来说，屋顶都是建筑形式表达中最为重要的要素。与居住建筑相比，信仰类建筑的建筑形式受建筑等级制度的制约相对较少，因此屋顶形式也更为丰富，往往成为其形式与风格方面的重要特征（图 5-21）。

特别是对于乡土环境中的民间信仰建筑来说，营建活动中建筑等级制度得到执行的严格程度在地域之间实际上存在着不小的差异。就明清时期的情况而言，京畿地区长期作为王朝政治中心，在很大程度上影响了整个地区的文化性格，受统治阶层文化影响，重宗法制度、

图 5-21 山东曲阜孔庙（来源：张屹然 摄）

伦理纲常、社会秩序，建筑等级制度森严，格局形制严谨规矩，少有规模特别宏大者，在屋顶形式等方面也严格遵循建筑等级制度的要求，使建筑的屋顶成为宗法制度支配下等级清晰的社会结构的反映。北方的陕西、山西、河南、山东等地，传统社会晚期因土地兼并及民间商业发展，豪门大户甚多，特别是返乡的达官显宦以及晚清的豪商巨贾，掌握着巨大的财富，因此多有多路、多进、规模宏大、结构复杂的宅邸以及祠堂等信仰类建筑。但因所处位置关系，以及商业活动与京畿地区的密切联系，文化上受政治中心影响较大，在屋顶形式、材料、色彩等方面仍较严格地遵循建筑等级制度的要求（图 5-22）。而部分远离统治中心、经济上商业活动占比较高、文化上受外来文化影响较强烈的地区，则表现出对建筑等级制度一定程度上的敷衍与偏离。例如福建闽南地区，明清时代相对远离统治中心的地理位置、民间的富庶以及经济模式上对海洋的依赖，造就了闽南文化中对待主流官方政治与文化的矛盾态度。一方面，闽南地区总体上对中央政府持恭顺态度，少有公开的暴力对抗，对政府赋予的合法化身份也非常看重；另一方面，在行政统治和官方文化的控制与影响所不及之处，闽南民间对逾越制度的行为总体上也有着相当的宽容。关于后者的一个例证是，即使在海禁最为严格的时期，闽南民间带有走私性质的私人海上贸易仍然保持着相当的规模，亦商亦盗的情况也非常普遍。这种对待官方制度和文化的双重态度也反映在闽南地区的乡土建筑中。在规模宏大、布局复杂的闽南大型多天井组合式民居建筑群中，对称的布局、深远的纵深、连续的立面、错落的屋顶，加之浓烈的红色基调和华丽的装饰，使其具有了与一般乡土民居迥异的美学效果，反而接近了传统官式建筑的审美表达，被称作"官式大厝"，民间俗称"皇宫起"（图 5-23）。明王士懋《闽部疏》中记载："泉、漳间烧山土为瓦，皆黄色。郡人以海风能飞瓦，奏请用筒瓦。民居皆俨似黄屋，鸱吻异状。官廨、缙绅之居尤不可辨。"[1] 这一点同样也体现在闽南地区的民间信仰建筑中（图 5-24）。

---

[1] 王士懋.闽部疏（明宝颜堂订正刊本影印）.台北：成文出版社有限公司，1975：28.

图 5-22 | 图 5-23
图 5-24
（来源：王新征 摄）

图 5-22　山东桓台新城镇忠勤祠
图 5-23　福建泉州漳里村蔡氏古民居建筑群
图 5-24　福建泉州天后宫

2. 墙体

在官式建筑与大多数制度性宗教寺观中，木框架结构和小木作围护墙体在建筑结构和围护体系中占据着绝对的主体地位，但是如果将视角转向更贴近乡土建筑营建体系的民间信仰建筑，在很多地方，砌体结构也在建筑结构体系中占据了相当的比重，甚至成为地域乡土建筑的主导结构体系，而砖砌、石砌、土坯与生土墙体更是在很多地区的乡土建筑围护体系中占据了主体地位。相应地，在民间信仰建筑的形式特征方面，围护墙体也占据了重要的位置，甚至能够对屋顶形式的统治地位发起一定的挑战。

对于墙体的视觉形式来说，两种建筑形式在其中起到了至关重要的作用。其一是硬山屋顶。硬山屋顶在乡土建筑中的普遍应用应该是与明代烧结砖生产与砌筑技术的普及相伴随的，因其更优秀的耐火能力而逐步取代了悬山屋顶，成为乡土建筑中最主要的屋顶形式。在视觉形态上，相对于庑殿、歇山屋顶的深远挑檐以及悬山屋顶出挑出山墙之外的屋面对墙体形式的压制，硬山建筑中的墙体首次具备了完整的视觉形式，以及与这种视觉形式相对应的构造做法和装饰技艺。从而使中国传统建筑获得了可以与屋顶形式相比拟的另一种形式语言（图5-25）。

其二是封火山墙。封火墙是墙体伸出屋面的建筑形式，可以视为硬山屋顶形式的进一步发展。封火山墙在视觉形式上高出屋面，使墙体形式彻底摆脱了屋顶的限制，获得了空前的自由度。在封火山墙应用广泛的地区，高耸的封火山墙往往对屋顶形成遮挡，使墙体形式成为乡土建筑形式语言的主体（图5-26）。即使在仅限于局部应用的情况下，封火山墙也可以依靠着与坡屋顶形式的对比与组合，为乡土建筑的形式语言赋予全新的内容。在长期的发展演化中，南方各地乡土建筑中发展出丰富多彩的封火山墙形式，往往成为地域建筑风格和形式的重要特征之一，这些也都体现在民间信仰建筑的形式与风格当中（图5-27）。

3. 色彩

相对于居住建筑来说，民间信仰建筑一方面较少受到建筑等级制度的制约，另一方面受制度性宗教寺观的影响，在建筑的色彩运用方

图 5-25｜图 5-26
图 5-27
（来源：王新征 摄）

图 5-25　山西榆次后沟村玉皇殿
图 5-26　浙江衢州周宣灵王庙
图 5-27　江西乐平市涌山村昭穆堂

面更为大胆，与官式建筑中对色彩的运用更为接近。传统官式建筑对色彩的热爱，与木材在建筑中的普遍应用是分不开的。木材的耐久性和耐候性总体上较差，特别是雨水的侵蚀和虫蚁的蛀蚀对木材来说是非常大的威胁。在这种情况下，在木材表面以漆或油覆盖是非常自然的选择。相应地，油饰、彩画也就成为木构件装饰乃至整个中国传统建筑装饰体系中最为重要的内容。同时，传统时期的五行学说对建筑中的色彩应用也有一定促进作用。与官式建筑相类似，在一些民间信仰建筑实例中，无论是大木结构，还是小木作内外檐装修，又或是围护墙体，基本完全被油饰、粉刷、彩画、彩绘的色彩所覆盖，以至于很少显露木材、砖、生土材料本身的色彩和质感，形成令人印象深刻的色彩组合（图5-28）。

与制度性宗教的寺观相比，民间信仰建筑的建造成本受到更为严格的限制，在规模、体量、材料等方面大体上与地域乡土民居营建体系近似的情况下，色彩在很多时候会成为一种低成本的凸显信仰类建筑在聚落整体结构中的特殊性和重要性的有效手段，从而得到广泛的使用（图5-29）。

4. 装饰

与色彩的运用相类似，在建造成本受到较为严格限制的情况下，相对于规模、体量、材料，装饰也是一种相对低成本的凸显信仰类建筑在聚落整体结构中的特殊性和重要性的手段。因此，大多数乡土聚落中，民间信仰建筑、制度性宗教寺观以及祠堂、家庙，都成为地域建筑装饰技艺最为集中的体现（图5-30）。

图5-28 广东揭阳棉湖镇永昌古庙
（来源：王新征 摄）

图5-29 江西浮梁瑶里古镇高际禅林寺
（来源：王新征 摄）

值得注意的是，无论是民间信仰建筑还是宗族信仰的祠堂、家庙，甚至是大部分制度性宗教寺观，建筑装饰的题材内容仍具有世俗化的特征，大体上以乡土建筑中常见的装饰题材为主，并未发展出独立于居住建筑之外的装饰体系。同时因为乡土聚落中的祠堂、庙宇在平面格局和建筑形态上通常都与同地域的居住建筑相近似，相应地其中建筑装饰的重点位置和技术类型也大体上采用地域乡土民居中常用的做法（图5-31）。而在采用官式建筑形制的孔庙、道观、佛寺等大型宗教类建筑中，装饰的重点位置、技术类型乃全题材内容等则多参照官式建筑中的对应样式，仅为避免"逾制"做适当调整。同样没有为儒家、道教、佛教宗教建筑创立独特的装饰系统。

虽然在中国传统建筑装饰的题材和内容中，确实有来自宗教的题

图 5-30 广东潮州己略黄公祠石雕
（来源：王新征 摄）

图 5-31 陕西泾阳安吴堡村迎祥宫乐楼砖雕
（来源：王新征 摄）

材，例如来自道教传说故事的八仙过海、佛教的八宝等，但这些题材并没有被限制为所对应宗教建筑中专门化的装饰内容，而是被纳入整个建筑装饰题材系统中，在官式建筑和乡土建筑的世俗化建筑类型中成为常用的装饰题材，但其图案的宗教内涵已经极度弱化或消失，仅保留单纯的美学形式与祝福意义而已。

另一方面，信仰类建筑形制的地域化趋向也使其形式中容纳了越来越多的世俗化内容。即使是正规化的大型寺观，其建筑形制按照宗教仪规有明确的要求，但在具体的建筑形式方面仍然会体现出地域建筑风格的影响。而在建筑装饰方面，这种地域化倾向有些时候甚至表现得更为明显。这种建筑装饰的地域化，也为信仰类建筑装饰的题材和内容增添了更多世俗化的内容（图 5-32）。

图 5-32　山西襄汾汾城镇城隍庙木雕（来源：王新征 摄）

6　宗族信仰与祠堂建筑

　　祖先崇拜与宗族信仰的普遍性和旺盛的生命力，是传统时期中国乡土社会最为重要的信仰特征和文化特征之一。家庭是中国传统社会的基本单元，血缘关系是中国传统社会特别是乡土社会最为重要的社会关系，也是乡土聚落的基本社会结构得以维系的基础。围绕家庭结构和血缘关系展开的活动，也相应地成为乡土聚落信仰活动中最为重要的组成部分。

6.1　祖先崇拜与宗族信仰

　　严格意义上讲，宗族信仰也是中国民间信仰的一部分。但从实际影响力来看，在中国传统时期绝大部分地区的乡土社会中，祖先崇拜与宗族信仰的重要性都远远超过任何一种制度性宗教或者民间信仰类型。尽管传统社会中后期以来，受商业活动兴盛影响，人口流动性增大，降低了宗族血缘的影响力，特别是市镇和城市中因单姓聚落较少，累世共居的大型宗族也不多见，散居宗族比例相对较高，使得佛教、道教等制度性宗教以及民间信仰的重要性渐趋增长，但一直到传统社会晚期，中国乡土社会总体上仍然具有较为强烈的宗族意识，宗族血缘仍是乡土社会中最为重要的联系纽带。

　　另一方面，宗族信仰的内容和形式也与其他民间信仰有所不同。前文曾经提到，在中国民间信仰中，人神之间本质上是一种契约或者说交易关系。但这种状况并不适于描述宗族信仰。虽然人们祭祀祖先、重视宗族血缘也有期望祖先护佑赐福、宗族互帮互助的实用主义诉求，但总体上并非视其为一种契约或者交易，而是认为祖先对后代的护佑、后代对祖先的崇敬都是天然存在、本当如此的，是血缘关系自然而然的表现。这种观念起源于原始的氏族观念，但真正使其长久延续并始终在乡土社会中占据主导地位的，则是传统时期农业长期占据绝对主导的经济结构以及作为官方主流意识形态的儒家思想所推崇的宗法制度与孝悌之道（图6-1）。

祠堂是祖先崇拜和宗族信仰的物质载体。上古时期，帝王、诸侯立宗庙祭祀祖先，但普通人不准设庙，如《礼记·王制》中说："天子七庙，三昭三穆，与太祖之庙而七。诸侯五庙，二昭二穆，与太祖之庙而五。大夫三庙，一昭一穆，与太祖之庙而三。士一庙。庶人祭于寝。"至迟到唐末、五代时期，已有民间建造家族祠堂的记载，但仍属民间自行其是的做法。南宋朱熹《家礼》中述及祠堂，详细描述了其形制，且放在第一卷的开篇，并解释说："此章本合在祭礼篇，今以报本反始之心，尊祖敬宗之意，实有家名分之守，所以开业传世之本也，故特著此冠于篇端，使览者知所以先立乎其大者，而凡后篇所以周旋升降、出入向背之曲折，亦有所据以考焉。然古之庙制不见於经，且今士庶人之贱，亦有所不得为者，故特以祠堂名之，而其制度亦多用俗礼云。"[1] 从儒家思想的角度较为正式地肯定了祠堂建造的意义以及祭祀近四世祖先的制度。明代嘉靖年间，礼部尚书夏言

图6-1　浙江义乌田心四村慎可公祠（今文化礼堂）（来源：王新征 摄）

[1] 出自《家礼·卷第一》。王燕均，王光照，校点.上海：上海古籍出版社.1999：875.

上《请定功臣配享及令臣民得祭始祖立家庙疏》，得到嘉靖帝的许可，自此对民间建造宗祠、家庙的限制愈加宽松，直接导致了明清两朝民间宗祠的大规模建造。此外关于宗祠、家庙的区别，不同时期、不同地域也有不同的理解。例如认为宗祠祭祀始祖，家庙祭祀近四世祖先；或者认为家庙需得有官爵者方可建。就实例所见，明清时期，民间对二者的概念已较模糊，混用的情况比较普遍。

作为祖先崇拜和宗族信仰在建成环境中的反映，大多数汉族地区和相当一部分少数民族地区的乡土聚落中，在整体的聚落格局中都会强调宗祠、祖庙所具有的重要地位。特别是最为重要的总祠，或位于聚落核心，或位于道路的枢纽位置，或位于地势较高处，并以之为中心，结合广场等形成聚落中重要的公共活动空间。大的聚落在总祠之外，还会有若干支祠。宗祠自身的形制一般较为发达，建造质量和装饰精美程度也往往是聚落中的最高水平（图6-2）。大型的民居建筑群体，也常有在正面中心位置设置宗祠的（图6-3）。

除了作为重要的信仰建筑对聚落整体结构的影响外，祠堂自身也是乡土聚落中重要的公共建筑类型和公共活动载体。通常来说，祠堂虽然是以崇拜、祭祀、供奉为主要功能，但在建筑形式和空间氛围上并不刻意强调神秘、压抑的气氛。特别是在明清祠堂建筑形制的发展中，用于举行祭祀典礼的中堂（享堂）逐渐取代了寝堂成为祠堂建筑的核心空间，中堂空间多较高大、宽敞、明亮，视觉效果通透，适于各种类型公共活动的开展（图6-4）。因此，在乡土聚落中，祠堂

图6-2　广东顺德碧江村慕堂苏公祠砖雕大照壁　　图6-3　江西吉安洛阳村客家彭宅，中间为彭氏宗祠
（来源：王新征 摄）　　　　　　　　　　　　　　（来源：王新征 摄）

除了祭祀活动外，往往也是宗族重要的聚会议事、家法奖惩、婚丧寿喜、节日庆典、戏剧观演、棋牌娱乐的场所，是宗族的"公共客厅"（图6-5）。也正是因为祠堂与乡土聚落世俗性公共活动之间的密切联系，即使在当代乡土社会宗族血缘的重要性已经被严重削弱的情况下，祠堂作为聚落或宗族公共客厅的功能仍然得到了很大程度的保留，并且增添了电视、电影放映、养老休闲、儿童娱乐等新的内容（图6-6）。

图6-4 | 图6-5
图6-6
（来源：王新征 摄）

图6-4 浙江桐庐荻浦村申屠氏宗祠（家正堂）
图6-5 山西榆次车辋村常家庄园常氏宗祠戏台
图6-6 广东遂溪苏二村黄氏宗祠

6.2 祠堂与家庙

作为中国乡土聚落中最普遍同时也是最重要精神信仰的物质载体，宗祠、家庙并非仅仅是信仰崇拜的仪式性场所，而是与聚落日常的公共活动和地域文化密切相关，成为聚落公共空间系统和地域文化系统中最为重要的组成部分。特别是在闽粤等宗族传统延续较好的地区，这种状况在当代仍然得到了相当程度的保留。正是因为作为传统宗族文化和乡土公共生活的重要载体，近代以来中国乡村的变迁中，祠堂虽然也受到一定冲击，但相对于民居建筑来说总体上仍得到较好的保存。在很多传统宗族文化较为发达的地区，至今仍有不少祠堂留存，并且仍在乡村公共生活中发挥着一定作用。例如湖南郴州汝城县的古祠堂群，在整个县域内，至今仍保存着明清时期的祠堂700余座，其中很多在选址、空间组织、建筑形式和装饰艺术方面都达到很高的水平。又如江西宜春万载田下古城，现存多个姓氏的祠堂20余座，多采用颜色接近白色的红砖作为墙体材料，具有鲜明的地域特色（图6-7）。类似的情况在两湖、安徽、江西、福建、广东等地的乡土聚落中均有较明显的体现（图6-8）。就以其中较具代表性的广东祠堂和徽州祠堂为例来探讨宗族信仰类建筑在中国传统时期乡土社会中地位和作用的具体表现。

1. 广东祠堂

广东地区历史上族群和文化多样性强。广府民系、潮汕民系、客家民系三大民系各有源流，各具特色，但彼此之间又相互联系、影响，此外雷州半岛的雷州民系、粤北的瑶族族群等规模较小、分布范围较窄的族群也都各具特色。从总体上看，广东广府、潮汕、客家、雷州等汉族民系，均是历史上北方中原地区汉族移民持续南迁并与当地土著文明逐渐融合的结果，一方面保存了古代中原地区的文化传统，另一方面长期受移民文化影响，有较为强烈的宗族意识，宗族血缘成为乡土社会中最重要的联系纽带。相应地，广东各地乡土聚落中聚族而居的比重一直相对较高。在这种情况下，广府、潮汕、客家、雷州聚落中的宗祠、家庙，一方面分布广泛，数量众多，在聚落中居于显要位置，成为整个聚落建筑群体的中心，另一方面祠堂、家庙自身的建造质量也达到很高的水平，建筑材料考究，装饰精美华丽（图6-9）。

图6-7 江西宜春万载县田下古城民居与祠堂群（来源：杨绪波 摄）

图6-8 江西景德镇瑶里古镇程氏宗祠（来源：王新征 摄）

如清屈大钧《广东新语》中记载："岭南之著姓右族，于广州为盛，广之世，于乡为盛。其土沃而人繁，或一乡一姓，或一乡二三姓，自唐宋以来，蝉连而居，安其土，乐其谣俗，鲜有迁徙他邦者。其大小宗祖祢皆有祠，代为堂构，以壮丽相高。每千人之族，祠数十所，小姓单家，族人不满百者，亦有祠数所。其曰大宗祠者，始祖之庙也。"[1]

例如广东郁南五星村的大湾祠堂群，大湾寨为李姓聚族而居的村落，历史上曾出过进士、翰林，经商者亦众，宗族各房支富贵者甚多，其促进了高质量的祠堂建筑群的建设。现村中保留有李氏大宗祠、象翁李公祠、诚翁李公祠、峻峰李公祠、禄村李公祠、洁翁李公祠、锦村李公祠、拔亭李公祠、介村李公祠、学充李公祠（广府聚落中支祠一般称"公祠"）等祠堂共计19座，均建于清代。祠堂体量不大，但装饰精美，镬耳山墙的做法极具广府地区地域特色。祠堂成群集聚建造，排列整体，与广府聚落整体的"梳式"格局融为一体，成为聚落信仰和公共活动的中心（图6-10）。类似的还有德庆古蓬村，为陈姓聚居聚落，保存了包括陈氏宗祠在内的明清时期祠堂16座。其中伯甫陈公祠建于明万历年间，规模较大，工艺精湛（图6-11）。

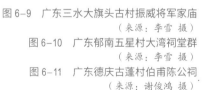

图6-9 | 图6-10
图6-11

图6-9 广东三水大旗头古村振威将军家庙
（来源：李雪 摄）
图6-10 广东郁南五星村大湾祠堂群
（来源：李雪 摄）
图6-11 广东德庆古蓬村伯甫陈公祠
（来源：谢俊鸿 摄）

[1] 出自《广东新语·卷十七 宫语·祖祠》。屈大均. 广东新语. 北京：中华书局，1985：464.

再如潮州城区的己略黄公祠，建于清光绪年间，为二进院落，规模不大，但木雕、石雕装饰精美。特别是后厅及抱厦梁架的金漆木雕，风格大胆，金碧辉煌，多层镂空工艺精细，代表了潮汕木雕装饰技艺的最高水平（图 6-12）。

2. 徽州祠堂

徽州地区居民的主体，是自汉代到宋代因战乱等原因持续南迁、并与当地土著文明（古称"山越"，为"百越"的一部分）逐渐融合的北方黄河流域中原地区的汉族移民。移民文化与地域自然和社会条件的交融，造就出徽州文化中强烈的宗族观念和族群意识，徽州聚落多为一个或几个大姓聚族而居，文化上以血缘关系作为维系社会结构的主要纽带。宋代以来，徽州地区文化昌明，程朱理学的奠基人程颢、程颐、朱熹祖籍皆在徽州，理学对徽州文化影响很大，并产生了地域性的理学学派——新安理学。理学的兴盛，进一步强化了徽州社会对宗族血缘和伦理纲常的重视。

这种对宗族观念的重视也体现在徽州聚落的规划和建筑当中，聚落中祠堂不仅建筑形制较为发达，通常也是聚落空间格局上的中心。《寄园寄所寄》中记载："新安各族，聚姓而居，绝无一杂姓搀入者，

图 6-12　广东潮州己略黄公祠梁架木雕（来源：王新征 摄）

其风最为近古。出入齿让，姓各有宗祠统之，岁时伏腊，一姓村中千丁皆集，祭用文公家礼，彬彬合度。父老尝谓新安有数种风俗，胜于他邑，千年之冢，不动一抔，千丁之族，未常散处；千载之谱系，丝毫不紊。主仆之严，数十世不改，而宵小不敢肆焉。"[1] 祠堂常与广场、水塘等结合，成为聚落中重要的公共活动空间，本身的建造质量和装饰精美程度，也往往是聚落中的最高水平，故而徽州祠堂与牌坊、民居并称为"徽州三绝"（图6-13）。

徽州祠堂的平面形式，以三进两天井的居多，自前向后依次为仪门、大堂（享堂）、寝堂。建筑多为单层，也有寝堂为两层的。徽州地区地方戏曲较发达，因此祠堂的仪门兼作戏台的做法也较多见。祠堂的大门，通常位于正面中间，沿对称轴线设置，附以多层披檐式门罩，成为立面和建筑整体外观的视觉中心。也有的大门采用内凹的八字门的形式，或紧贴外墙附加石制牌坊，进一步强化大门的视觉效果（图6-14）。

以祁门桃源村为例，桃源村历史上为陈姓聚居，除大经堂（陈氏宗祠）外，还有持敬堂、保极堂、慎微堂、思正堂、大本堂、叙五祠等共计九座祠堂。其中大经堂位于聚落入口，以封火山墙正对进村道路，设荷花池，祠前有前院，两侧开门作为进村的通道。大经堂的位置，既彰显了其作为宗祠的重要地位，又具有景观功能和风水方面的考虑

图6-13　安徽歙县呈坎村罗东舒祠宝伦阁
（来源：张屹然 摄）

图6-14　江西婺源西冲村俞氏宗祠
（来源：杨茹 摄）

---

[1] 出自《寄园寄所寄·卷十一　泛叶寄·故老杂记》。赵吉士. 寄园寄所寄　卷下. 上海：大达图书供应社，1935：261.

（图6-15）。再如歙县昌溪村历史上为多姓混居聚落，各姓均建宗祠、支祠，今尚存太湖祠、寿乐堂、承恩堂、怀远堂、理和堂、细和堂、明湮祠、思成祠、周氏宗祠、亮公支祠、爱敬堂等祠堂共计十余座。其中寿乐堂又名员公支祠，是吴氏家族的支祠，规模不大，但形制规整，用材考究，工艺精湛，装饰精美。祠堂前有木制门坊，将祠堂与坊前月池连为一体（图6-16）。

值得注意的是，明清以来，在一些商业发达、经济发展水平较高的地区，伴随着商业逐渐冲击甚至取代农业在社会经济结构中所占据的绝对主体地位，社会的组织结构和文化特征也相应地发生变化。原有的宗族聚居、以农为本、耕读传家的乡土社会结构和文化日益受到商品贸易所带来的流动性的冲击。在这种情况下，祖先崇拜和宗族信仰的内涵也随之进行调整，逐渐摆脱了对特定地域聚居模式的严格依赖，着眼于更广阔空间范围内宗族凝聚力的维系和社会资源的整合。相应地，作为祖先崇拜和宗族信仰的载体，祠堂建筑的功能和意义也被不断赋予新的内容。从供奉祭祀场所和聚落公共活

图6-15 安徽祁门桃源村大经堂（陈氏宗祠）
（来源：王新征 摄）

图6-16 安徽歙县昌溪村员公支祠
（来源：江小玲 摄）

动的中心发展为兼具祖先信仰、宗族聚会、贸易往来、子弟求学等功能的综合性的宗族文化中心。这种情况在商品经济发达的区域商贸中心城市和集镇表现得最为明显。

仍以广东各地区为例，明清以来，广东珠江三角洲等地区经济发展迅速，农业生产渐趋商品化，同时冶铁、煮盐、制陶、制糖、缫丝等传统工商行业也非常繁荣，吸引了大量周边人口的集聚。伴随着社会经济的繁荣和工商业的发展，各地商人聚集在广东，广东商人的商业活动也遍布全国，进一步促进了各地文化的汇聚与融合。清代中晚期广州更是在很长时间里作为政府外交和对外贸易的中心，吸引着来自全国范围内的商业活动和人口。经营海外贸易的商人和"苦力贸易"中的华工，一方面他们将积累的财富带回家乡，进一步促进了社会经济的繁荣，使得大规模、高质量的乡土建筑的建造成为可能，另一方面也带来了与外来文化之间直接的联系和交流，进一步强化了广府、潮汕、雷州等地地域文化的多元融合特征。传统的宗族观念和族群意识仍得到保存甚至在一定范围内得到强化，对新的文化形态也抱持较为开放的心态。在乡土建筑中，体现为一种对待新的建筑类型和建筑形式的实用主义的乐观态度。

正是在这样的背景下，作为祖先崇拜与宗族信仰载体的祠堂建筑，也因应社会结构和社会文化的变迁而展现出新的功能与形式。这些祠堂摆脱了传统农耕社会宗族聚居的空间尺度限制，为更大空间范围内从事经商、求学、为官等多样性活动的宗族成员提供信仰空间和精神纽带。这类祠堂往往位于商业繁荣的地域性中心城市或城镇，除了传统祠堂供奉、祭祀的功能外，还承担宗族聚会、议事、住宿、慈善、教育等职能，兼具会馆、书院、善堂的功能，成为宗族传统聚居地之外重要的公共活动中心。所处地域经济的繁荣、工商业的发展和人口的聚集，都会带来整体技术水平的提升，使得精细化的建造和精美的装饰成为可能。同时，在传统社会晚期与外来文化之间较为充分的联系和交流，使得地域的建筑形式更多地受到外来审美风气和建造技术的影响。因此，这类祠堂建筑规模宏大，格局复杂，形式多变，装饰精美，在客观上也起到了展示宗族财力和品位的作用（图 6-17）。

例如位于广州城区的陈家祠，又名陈氏书院，于清光绪年间由广东各地陈姓族人捐资建造。该宗祠结合了祠堂、书院和会馆的功能（图6-18）。祠堂规模宏大，布局严整，风格华丽，装饰精美，特别是对木雕、石雕、砖雕、陶塑、灰塑、铁艺等装饰技艺的综合运用，体现了岭南地区独特的建筑装饰风格，同时又能够看出特定时期文化交融所留下的痕迹（图6-19）。

6.3 公祠

传统时期，除了宗祠、家庙等基于宗族血缘关系、用于祭祀祖先的祠堂外，还有另一类祠堂，供奉和祭祀的对象并非家族祖先，而是历史上有名望的人，称作"公祠"，通常为官方出资或社会集资修建。明《永乐大典•卷五千三百四十三》引《三阳志》中记载："州之有祠堂，自昌黎韩公始也。公刺潮凡八月，就有袁州之除，德泽在人，久而不磨，于是邦人祠之。"就是关于建造公祠的记载。韩愈被贬为潮州刺史，

图 6-17 | 图 6-18
图 6-19
（来源：王新征 摄）

图 6-17　广东广州陈家祠砖雕
图 6-18　广东广州陈家祠（一）
图 6-19　广东广州陈家祠（二）

治潮八月，有功于地方，潮州人感恩，世代建祠供奉，今仍存明清所
重修之韩文公祠（图 6-20）。

　　前文中曾经提到，中国传统时期民间信仰中崇拜与祈求对象的另
一个重要的特征，就是其中来自历史和现实中的真实人物占据了相当
大的比重。这些人被作为供奉、祭祀、祈求护佑的对象，大多是由于
其作为人类个体所拥有的某种得到普遍认同的道德品质（忠义、节孝、
诚信、善良、清廉等）或个人能力（智慧、勇武等），又或是其生前
为族群、地域或行业所作出的某些重要的贡献（例如保家卫国、治理
水患以及各种来源于真实人物的行业神等）。在这些人中，被神化成
为神灵，特别是受到过世俗政权敕封为神的，通常以庙宇的形式供奉，
典型的例子如祭祀孔子的孔庙、祭祀关羽的关帝庙、祭祀林默娘的妈
祖庙等。而那些并未被认为成神灵的人，则多以建造公祠的形式来纪
念、祭拜。从这个意义上讲，公祠可以被视为介于祠堂和庙宇之间的
信仰建筑形式，相对于宗祠、家庙摆脱了特定血缘的限制，而相对于
庙宇来说又更凸显了祭祀对象作为"人"而非"神"的特征。其中较
典型的如纪念苏轼的苏公祠，可见于海口、蓬莱、杭州等多地。

　　江苏无锡惠山祠堂群，就
是公祠集中建设的典型实例。
惠山祠堂群位于无锡西郊，惠
山东麓，至今保存着 118 座祠
堂建筑。这些祠堂中的一部分
由官方出资或民间集资建造，
祭祀先贤名士，例如华孝子
祠、至德祠、尊贤祠、报忠祠、
五中丞祠等，属于典型的公祠
（图 6-21）。也有一部分由居
住于无锡的嫡孙出资或集资创
建，作为合族共祀的总祠或宗
祠，例如钱武肃王祠、文昌祠、
胡文昭公祠、倪云林先生祠、

图 6-20　广东潮州韩文公祠
（来源：王新征 摄）

范文正公祠等。此外，华孝子祠等官建祠堂也被用作合族共祀的总祠（图6-22）。这类祠堂虽然带有宗族祭祀的性质，但相比聚族而居之地所建造的祠堂、家庙，主要目的更侧重于宗族精神和显赫历史的展现，祭祀对象也都是宗族先贤，带有很强的公祠的性质。除此而外，惠山祠堂群中也有大量普通的家祠，但整个祠堂群的盛名，仍来自公祠。

惠山祠堂群的缘起，带有强烈的官方意识形态色彩。明清两代中央政府，均重视家族教化，以强化"家国天下"的社会结构。一方面由官方出资建造公祠，宣扬忠孝节义，另一方面也推动民间合族立祠，祭祀家族先贤，同样是出于强化忠孝节义思想的目的。从这个意义上讲，公祠的功能和意义，纪念强于祭祀，弘扬强于追思，在很大程度上类似于当代的名人纪念馆，其公共属性要远远超过普通的祠堂、家庙。

公祠与宗祠、家庙在选址、空间组织和建筑形制的区别方面，浙江诸葛村的祠堂提供了一组典型的例子。诸葛村位于浙江金华兰溪市西部的诸葛镇，原名高隆村，作为迄今发现的最大的诸葛亮后裔聚居地而得名。村内现存明清古建筑200余座，聚落格局完整、清晰，顺应中间低、四周高的地势，在地形较低处修建池塘，称"钟池"，以此为中心向四周辐射出八条小巷，采用放射性的路网结构和向心性的空间组织，形成聚落路网和空间结构的基本骨架。

作为单姓聚居的宗族血缘型聚落，祠堂成为诸葛村中最为重要的

图6-21　江苏无锡惠山华孝
子祠（来源：王新征 摄）

图6-22　江苏无锡惠山倪云林先生祠
（来源：王新征 摄）

公共建筑类型，盛期有祠堂十余座，今仅有部分尚存。位于钟池北岸的大公堂，是纪念、供奉诸葛亮的公祠，前后五进，规模宏大，格局规整，装饰精美，与钟池一起形成整个聚落公共空间的中心（图6-23）。位于东面村口的丞相祠堂，则是高隆诸葛氏族的宗祠，是聚落宗族信仰活动的中心（图6-24）。村西临近上塘、下塘两个水塘，建有房派宗支的祠堂雍睦堂、大经堂，结合商业街市等，形成聚落中另一个重要的公共空间节点（图6-25）。此外，聚落中还有滋树堂、春晖堂、文与堂、友于堂、崇行堂、崇信堂等祠堂，共同构成整个聚落的宗族信仰空间系统（图6-26）。

图6-23　浙江兰溪诸葛村大公堂
（来源：王新征 摄）

图6-24　浙江兰溪诸葛村丞相祠堂
（来源：王新征 摄）

图6-25　浙江兰溪诸葛村雍睦堂
（来源：王新征 摄）

图6-26　浙江兰溪诸葛村
（来源：王新征 摄）

7 伴生的信仰空间

中国传统时期乡土社会中的信仰活动，多具有分散化、日常化和非正式性的特征，一方面，信仰活动和信仰文化非常普遍，贯穿于聚落生活的方方面面，另一方面，信仰活动的形式不同于制度性宗教的大型寺观中高度仪式化的供奉和祭祀活动，而是与聚落日常的生产生活活动紧密地结合在一起。相应地，乡土聚落中的信仰类建筑和信仰类空间，也多具有松散灵活、因地制宜的特点，甚至和聚落中生产生活性的建筑和空间相伴而生。

7.1 信仰空间与交通空间

前文中曾经提到，中国传统时期乡土社会的民间信仰状况具有世俗化和与日常生活结合紧密的特征。即使是制度性宗教的寺观，在中国乡土社会中也很少会将自身塑造为隐秘环境中僧侣们离群索居的修行场所，而是期待更多地吸引信徒乃至普罗大众——无论是否出于获得香火还是扩大影响力的目的，遑论那些更为世俗化、与日常生活联系更为紧密的民间信仰的庙宇。在这种情况下，将庙宇建于交通便捷、人流密集的位置，从而增进与世俗活动之间的联系，就成为非常自然的选择。这其中，规模较大、重要性较高的庙宇，特别是佛教、道教等重要的制度性宗教的寺庙，多邻近聚落村口、主要道路交会处、水陆交通交会处等重要交通节点建造（图7-1）；而规模较小、数量众多的民间宗教的庙宇，也多沿道路设置，以保持与聚落日常生活持续性的接触（图7-2）。

对于乡土聚落整体的空间结构和交通体系来说，聚落入口不仅仅

图 7-1　山西阳泉大阳泉村东阁观音庙、
真武庙、仙翁庙（来源：王新征 摄）

图 7-2　广东潮州市天后宫，邻近广济门
（来源：王新征 摄）

是一个起点，同时也是其中最重要的节点之一。重要的交通节点总是
意味着人口的聚集，从而带来公共活动频度和规模的提升、类型和内
容的丰富。因此，在城乡聚落的入口处设置信仰类建筑或信仰类建筑
群体也就成为非常自然的做法。当聚落入口处有城门、寨门时，比较
常见的是将聚落的信仰空间与城门相结合，充分利用聚落入口作为交
通节点汇聚人流的功能，在聚落入口形成规模较大的信仰建筑群体，
同时也进一步强化入口空间的标志性。例如山西介休的张壁古堡，设
南北两个堡门，结合南堡门建关帝庙（图7-3）、可汗庙、西方圣境殿、
魁星楼，结合北堡门建真武庙（图7-4）、痘母宫、二郎庙、吕祖阁、
三大士殿、空王行祠（图7-5），且两组建筑群均设戏台，形成两处

图 7-3 | 图 7-4
图 7-5
（来源：王新征 摄）

图 7-3　山西介休张壁古堡南堡门关帝庙
图 7-4　山西介休张壁古堡北堡门真武庙
图 7-5　山西介休张壁古堡北堡门空王行祠

结合交通、防御、信仰、节庆观演等功能的大规模复合型信仰类建筑群。又如广东雷州的潮溪村，在聚落的东入口与一颗古榕树紧密结合修建妈祖庙，并以榕树的树冠界定形成广场，成为结合交通、休憩和信仰功能的重要公共空间（图7-6）。

建于道路之中的过街亭、过街楼往往也兼具信仰空间的功能。过街楼亭在保持街道交通功能连续性的同时在视觉上对街道进行分段，避免了街道景观的单调无趣，同时过街楼亭本身也提示出街道空间中重要公共性节点的位置：或建于道路交会之处，或建于祠堂、庙宇入口或邻近位置，又或者自身就是具有信仰功能的建筑节点（图7-7）。

桥梁是另一类重要的交通空间类型，桥在道路跨越水体之处承载了无可替代的交通功能，因此通过桥梁的交通活动规模要远远超过普通的街巷道路，同时因其亲水性也会吸引人的停留、观景和休憩。人的聚集总是会带来公共活动频度的提升，并吸引信仰活动随之而来。南方多雨地区还常有廊桥的做法，部分廊桥中供奉有神像。廊桥提供的遮蔽、休憩和供奉神像的功能，也使其作为信仰空间的意义更加突出（图7-8）。

桥梁内供奉的神像，早期多为龙王、河神等与水相关的神灵，有镇压水患、祈求桥梁平安的意味，如江西婺源思溪村通济桥桥廊内的河神祠中供奉大禹（图7-9）。但在发展中也多有设置制度性宗教的佛龛、神龛，或者民间信仰的多神合祀的做法，一方面体现了乡土社会民间信仰随意性较强的特点，另一方面也说明桥梁作为重要交通节点在容纳信仰类活动方面所具有的重要意义。以安徽歙县许村的高阳

图7-6　广东雷州潮溪村古榕树与妈祖庙
（来源：王新征 摄）

图7-7　北京门头沟琉璃渠村三官阁过街
楼（来源：王新征 摄）

图 7-8
（来源：王新征 摄）

(a) 云南建水双龙桥　(b) 云南建水双龙桥桥阁
　　　　　　　　　　　　　 内神龛

图 7-9　江西婺源思溪村通济桥，桥廊内河神祠供奉大禹（来源：杨茹 摄）

桥为例，高阳桥邻近盷溪与西溪交汇处，跨于盷溪之上，是进入许村的出入口之一，始建于元，经明清改建、重修。桥为石砌拱券结构，桥廊为木结构；正面为马头山墙，具有徽州地域风格；两侧有观景窗；内设长凳供休憩（图 7-10）。桥内设佛龛，供奉观世音菩萨，与当地民间传说中观世音菩萨镇压恶蛟、祛除水患的故事有关，今佛龛上有"永镇安流"匾额及"南海岸来一瓶甘露，高阳桥渡千载行人"的楹联，体现了民间信仰中水神崇拜与制度性宗教信仰的结合（图 7-11）。

在一些更为复杂的例子中，城乡聚落中的重要交通节点融合了交通、休憩、景观和信仰功能，成为体现乡土聚落地域文化的综合性空

图 7-10　安徽歙县许村高阳廊桥（来源：王新征　摄）

间节点。以徽州地区乡土聚落的水口空间为例，水口的概念源于传统的风水观念，指的是聚落水系的起始和结束。聚落水系与外界的连接，包括进水口和出水口，但聚落营建中的水口通常指的是出水口，如明

图 7-11　安徽歙县许村高阳廊桥内佛龛
（来源：王新征　摄）

代缪希雍《葬经翼·水口篇十》中说："水夫口者，一方众水所总出处也。"按照水口营建的本意，通常距离聚落有数百米的距离，徽州聚落初始营建时，水口和村口一般是分离的，但有些聚落随着规模的扩大，也会出现水口、村口合二为一的现象。因此，事实上水口所划定的，并不是聚落建成环境的实际边界，而是心理边界和美学边界。出于传统风水中"藏风聚气"观念和"世外桃源"

空间意象营造的考虑，徽州聚落的营建者们在水口处筑坝、修堤、挖塘、架桥、植树，修建塔、阁、楼、亭、牌坊，使水口空间在功能层面、美学层面和文化层面，都成为聚落空间系统真正意义上的起点。而在水口空间的营造中，不仅仅在风水观念方面体现了传统时期乡土社会民间信仰中关于空间营建的观念，还往往与制度性宗教、民间信仰以及宗族信仰类的建筑直接结合，提升了水口空间的功能属性和文化意义。安徽祁门桃源村的水口，就是徽州聚落水口空间营造的典型实例之一。水口廊桥建于明成化年间，廊桥利用水的流向与道路形成自然的转折，引出聚落内外空间的过渡。廊桥墙面设什锦窗观景，内有座椅供休憩，桥头有土地庙、魁星阁（原有三层，现仅余一层）（图7–12）。通过廊桥后，沿兔耳溪上溯，随道路转折自然现出村口的大经堂（陈氏宗祠）与荷花池（图7–13）。桃源村水口虽然规模不

(a) 安徽祁门桃源村水口廊桥　　(b) 安徽祁门桃源村水口廊桥与魁星阁

图7–13　安徽祁门桃源村兔耳溪、大经堂（来源：王新征 摄）

大，形式简单，但其与聚落、水系、道路的关系，空间的转折、收放，视线的遮蔽、转换，景观的序列、变化，均体现了徽州聚落水口空间的典型特征。其信仰空间的营建，更是与水口空间的交通、休憩和景观功能紧密地结合在一起。

又如安徽歙县唐模村的水口，唐模水口自外而内，沿道路和檀干溪依次为树、桥、路亭（沙堤亭）、牌坊（同胞翰林坊）、水口园林、灵官桥。其中沙堤亭侧建有五谷祠，也是水口空间与信仰建筑相结合的例子。

7.2 信仰空间与生活空间

前文中曾反复强调，中国传统时期乡土社会的民间信仰具有世俗化、与日常生活结合紧密的特征。在乡土聚落中信仰空间的营造方面，这一点不仅仅体现在民居建筑中信仰空间的营造，更体现在聚落中公共性的日常生活设施、生活空间与信仰活动、信仰文化的结合。

例如在传统时期的乡土聚落中，水井是最为重要的生活设施之一。井提供了稳定而洁净的生活水源，也是酿造等生产用水和消防用水的主要来源。大户人家会在宅院内设置自用的水井，而不具备条件的普通人家只能使用公用的水井。日常使用的高频度也使得水井周边成为日常公共活动发生较多的场所，从而成为聚落空间系统中的重要节点。因此，在乡土聚落中，也常有将信仰类建筑与水井结合设置的做法（图 7-14）。

以浙江义乌倍磊村的龙皇亭为例，倍磊村位于义乌市佛堂镇，历史悠久，在传统社会晚期义乌地区商业逐渐兴盛的时期，倍磊村

图 7-14　云南建水团山村大成寺与水井
（来源：王新征 摄）

因临近官道和码头，成为义乌地区重要的商业集镇，聚落规模也增长较快，有"烟灶上千""十七祠堂十八殿"的描述，今天整个聚落包含四个行政村，人口超过 4000 人。虽然在近代以来的城乡变迁中发生了巨大的变化，但倍磊村聚落的整体结构大体上仍然得到了保存，特别是作为传统时期商业中心的老街至今仍是聚落结构的主体骨架（图 7-15）。虽然早已不复昔日繁华，但在一定范围内仍发挥着商业街道的功能，街道界面也依稀可见旧貌。此外，村中尚存仪性堂、敬修堂、九思堂等数十座大体保存了旧貌的寺庙、祠堂、厅堂和民居，形制严整，装饰精美，反映了聚落盛期的繁华（图 7-16）。

图 7-15　浙江义乌倍磊村
（来源：王新征 摄）

图 7-16　浙江义乌倍磊村仪性堂
（来源：王新征 摄）

倍磊村聚落水系发达，东溪、西溪两条溪流自南向北穿村而过，有多条支流延伸到聚落各处，并沿溪流和支流修建水塘、水池多处，供取水、消防之用。龙皇亭位于倍磊老街与东溪交会处，跨老街和东溪而建，为四柱重檐歇山顶亭式建筑，亭顶有八角形藻井，做工精细（图 7-17）。亭北建龙皇庙，为三开间二层双坡硬山屋顶建筑，

图 7-17　浙江义乌倍磊村龙皇亭、老街、东溪
（来源：王新征 摄）

庙内供奉龙王神像（图7-18）。亭南临溪建水池，与溪流之间以毛石相隔，通过过滤保证水池水质，溪上架石板利于浣洗，并有台阶通向街道（图7-19）。

图7-18 龙皇亭与龙皇庙
（来源：王新征 摄）

图7-19 龙皇亭与浣洗空间
（来源：王新征 摄）

图7-20 龙皇亭结构与细部
（来源：王新征 摄）

在以龙皇亭为核心的这一组公共空间中，东溪、老街、龙皇亭、龙皇庙、水池等元素完美地结合在一起，在非常有限的空间节点中解决了交通、取水、浣洗、信仰崇拜等多重功能，龙皇亭的标志性提示了街道空间中这一重要节点的存在。同时一些细节也能够体现营建者的匠心：水池和浣洗空间的设置巧妙地利用了老街与东溪交汇自然形成的高差，既使取水和浣洗空间从街道相对独立出来，有利于保持清洁卫生，同时高差形成的仰视视角也突出了龙皇亭、龙皇庙作为信仰崇拜空间的地位（图7-20）。这一点亦体现在龙皇亭的材料和构造细节中，龙皇亭的四根亭柱，南侧两根为方形石柱，北侧两根则为倒海棠角、截面介于方形和圆形之间的木柱。这种做法，固然有南侧临水，采用石柱避免潮湿易腐的功能性原因，但更多的则是体现出对于营建者

而言，龙皇亭尽管在形式上主
要是跨于老街之上，歇山屋顶
的朝向也是面向街道，但亭下
空间的主要指向实际上是来自
南北向的龙皇庙轴线的自然延
伸（图7-21）。

　　倍磊村龙皇亭的空间节
点，充分地展示出在传统时期
的乡土聚落中，生活性的取水、
浣洗设施是如何与信仰类建筑
融合为一体，并通过与"水"
这一聚落中的核心元素的关联
而获得其共性的（图7-22）。

　　此外，也有一些信仰建筑
与乡土聚落中的其他公共建筑
结合设置，例如广东潮汕地区
乡土聚落中普遍存在的善堂。
善堂供奉神明（以供奉宋大峰
祖师为多），筹措资金，奉行
扶贫济困、抚恤孤寡、灾后救
济等善举，是乡土聚落中信仰
建筑与生活服务类建筑伴生的
典型例子。

图7-21　龙皇亭的空间指向
（来源：王新征　摄）

图7-22　浙江义乌倍磊村龙皇亭空间节点
（来源：王新征　摄）

7.3　信仰空间与产业空间

　　受限于聚落整体规模和经济水平，相对于当代城市来说，传统时
期乡土聚落中公共建筑和公共空间的规模、类型和形式都受到较严格
的限制，特别是在对农业高度重视的背景下，浪费过多的土地来营建
非必要性的公共建筑几乎是不可能的。因此，乡土聚落中公共建筑总

体上具有功能分化程度较低的特征，即通过较高的功能复合化程度来满足在有限的空间和成本下多样化的功能需求。就本书的内容而言，这体现为信仰类建筑与其他类型公共建筑功能的关联性和重叠性，这一点在农业、手工业、商业等产业性建筑和空间中体现得尤为明显。

从信仰活动的起源和崇拜对象的类型来看，传统时期民间信仰活动中的相当一部分本就源于日常的生产活动，在长期的生产生活实践中逐步确立下来并被赋予某种精神信仰方面的内涵，例如祈雨、龙王崇拜等与农事相关的信仰或祈禳活动，与各类手工业生产相关的鲁班庙、伯灵翁庙、陶师庙等的祭祀活动，等等。这些信仰活动对应的建筑往往与相关的产业活动空间邻近或结合设置（图7-23）。而各地乡土聚落中邻近庙宇设置的庙会等商业空间，则是信仰建筑与商业空间结合的例子。

传统社会晚期四川地区的会馆建筑也是信仰空间与商业活动相结合伴生的典型例子。会馆在四川各地的场镇中多有分布。场镇，即集镇、乡场，是四川地区传统上对集中的乡村商贸交易场所的统称。一般认为，场镇是在早期非常设的"草市"的基础上发展而来的，随着交易规模的扩大，在原有草市的基础上逐渐出现固定店铺以及栈房、作坊，形成常设的商业集市——场镇。四川地区的场镇不仅数量众多，规模也相对较大，功能复合化程度高，建筑质量和空间品质都达到很高的水平（图7-24），公共建筑的内容和形式也非常丰富。除了商业功能的店铺、码头外，祠堂、寺观、书院、戏台也很常见。其中，会馆是

图7-23　江西景德镇古窑民俗博览区风火仙师庙

（来源：王新征 摄）

图7-24　四川成都洛带古镇

（来源：王新征 摄）

较为特殊的一种公共建筑类型。通常来说，场镇的公共建筑和公共空间都是为了满足邻近聚落对信仰、观演、节庆等公共功能的需求，但会馆并非如此。会馆服务的对象，是以地缘为纽带的同乡组织或以业缘为纽带的同业组织（图7-25）。在产生的初期，会馆主要服务于同乡的赶考士子，其后随着商业的发展特别是跨地域商业的繁荣演变为主要服务于同乡商人的场所。四川地区会馆建筑数量众多，形制发达，主要与清代的移民活动有关。清代前期的湖广（包括来自湖南、湖北、广东、江西和福建的移民）填四川，使因张献忠、吴三桂等变乱损失惨重的四川地区人口得到了补充，也造就了浓厚的移民文化氛围。会馆的兴建，正是在这样的背景下大规模展开，带有壮大同乡声势、加强凝聚力的意味。

而在实际中，会馆除了承担聚会、观演、节庆、文教等实用功能外，也被作为同业、同乡组织在信仰文化上的象征与纽带。在信仰崇拜对象方面，会馆通常延续其移民来源地域代表性的信仰文化。例如湖广会馆通常称为禹王宫，奉祀大禹；江西会馆通常称为万寿宫，奉祀许真君（图7-26）；广东会馆通常称为南华宫，奉祀南华老祖；福建会馆通常称为天后宫，奉祀林默娘；而四川人自己的同乡会馆则称为川主庙，奉祀李冰。会馆兼具的信仰崇拜功能，为身处异乡的客商们提供了精神上的联系纽带，增进了同乡、同业组织的归属感和凝聚力。围绕会馆为中心，在场镇中形成一个个呈现跨地域和混合性特征的文化圈，并对整个场镇的空间结构和乡土文化产生持久的影响(图7-27)。

图7-25 四川崇州元通古镇广东会馆
（来源：王新征 摄）

图7-26 四川成都洛带古镇江西会馆(万寿宫)
（来源：王新征 摄）

除四川外，全国各地传统社会晚期商贸较发达的城市、城镇也多有会馆分布，且多兼具信仰祭祀功能，例如河南洛阳山陕会馆，奉祀关羽（图7-28），浙江衢州福建会馆"天妃宫"（图7-29），前述云南大理诺邓村亦有江西会馆"万寿宫"。

7.4 信仰空间与娱乐空间

由于土地、建造成本等方面的限制，加之传统时期农事劳动等生产性活动占据了日常生活的绝大部分时间，乡土聚落日常生活中的闲暇时间实际上是非常短的，大多数乡土聚落中纯粹的游憩、娱乐类建筑与空间是较为稀缺的，因此与游憩、娱乐类空间伴生的信仰建筑与信仰空间主要集中于两个方面：园林中的信仰空间，以及信仰建筑与戏台等观演空间的结合。

在园林方面，很多大型宅邸园林中都有家祠、佛堂等信仰类空间的设置，既充分利用了园林的空间，又提升了其文化属性。以安徽歙县唐模村的水口园林"檀干园"为例，唐模水口自外而内，沿道路和

图 7-27｜图 7-28
图 7-29
（来源：王新征 摄）

图 7-27　四川崇州元通古镇
图 7-28　河南洛阳山陕会馆
图 7-29　浙江衢州福建会馆

檀干溪依次为树、桥、路亭、牌坊、水口园林、灵官桥。水口园林"檀干园"为唐模许氏家族所建,有"小西湖"之称,内建荷花池、桥、亭、榭,环境优雅(图7-30)。园内建有"忠烈庙",供奉唐代安史之乱睢阳之战中战死的名臣张巡、许远。一方面带有公祠的纪念意义,同时也有将许氏先贤视为家族与地方守护神的意味(图7-31)。

在信仰建筑与观演空间的结合方面,戏剧等表演活动最早大都与对自然和神灵的祭祀活动有关,但在其后的演化中逐渐融入越来越多的世俗要素。起源于原始时期信仰崇拜的仪式性活动,逐渐从信仰活动的神秘气氛中解放出来,转变为以大众娱乐为主要形式的娱乐活动。从这个意义上讲,信仰活动与观演活动之间原本就存在天然的联系。这种联系也体现在两种类型空间之间的关联上。在经济条件有限或公共建筑形制欠发达的聚落中,表演和观演活动通常在开敞的室外空间进行,而具备条件的,则会建造专门用于表演和观演的公共建筑,例如戏台和戏楼。而无论是开敞的戏剧表演空间,还是专业化的戏台建筑,在乡土聚落中大多都结合庙宇、祠堂等信仰建筑来设置(图7-32)。

例如安徽歙县的瞻淇村,聚落中结合街巷和建筑,设置了一些小

图 7-30 | 图 7-31
图 7-32
(来源:王新征 摄)

图 7-30 安徽歙县唐模村檀干园
图 7-31 安徽歙县唐模村檀干园忠烈庙
图 7-32 陕西泾阳安吴堡村迎祥宫乐楼(戏台)

型的广场，当地称作"坦"。坦最初大致是源于聚落中晾晒粮食的空间，其后功能逐渐发生了分化，例如祠堂之前的坦，就主要用于祭祀活动。其中有一处看戏坦，就是专门设置用于表演和观演的场所。看戏坦三面围合，逢重要的节庆，村民会在看戏坦东端搭建木制的临时性戏台，在西端挂菩萨画像，有人神一同看戏的含义，体现了乡土社会中对于戏剧表演活动"悦人娱神"功能的认识。

而戏台最初则应是源于早期信仰类建筑中用于以歌舞敬献神灵的部分，其后随着歌舞、戏剧的世俗化逐渐脱离了对信仰类建筑的依赖，其形式也从开始的没有遮蔽的露台，发展为独立式的舞亭，再发展到前后台有明确区分的戏台（图7-33）。乡土聚落中的戏台，除了大户人家建造于住宅内的戏台或戏楼以及少数独立设置的戏台外，大体上以如下两种情况为多：

一是建于祠堂内的戏台，一般以祠堂的仪门兼用，在仪门朝向享堂一侧搭木制台板成为戏台，观演空间则设在享堂，也有在仪门和享堂之间的天井两侧建二层的廊庑供女眷观演的。有重要的祭祀活动时，将戏台的台板拆下，恢复仪门的功能。大型的祠堂，也有设置专门的戏台的。祠堂中的戏台在单姓聚居的宗族血缘型聚落中尤为多见，往往成为聚落公共活动的中心（图7-34）。

二是建于寺观内的戏台，通常在山门之后朝向院落的位置。一种做法戏台高度较低，门位于戏台两侧；另一种做法则将戏台建于山门入口之上，高度较大（图7-35）。规模较大的寺观，也有在内部或者山门对面独立设置戏台的。寺观中的戏台，体现了戏剧表演"悦人娱神"的传统功能，同时也与庙会的商业活动一起，使寺观成为乡土聚落公共活动的重要核心。

图7-33　山西吕梁碛口古镇黑龙庙戏台
前台、后台（来源：王新征 摄）

图 7-34

(a) | (b)
(c)

(a) 浙江桐庐荻浦村保庆堂（申屠氏香火厅）戏台（来源：王新征 摄）
(b) 浙江武义俞源村俞氏宗祠戏台（来源：江小玲 摄）
(c) 浙江金华寺平村百顺堂（戴式宗祠）戏台（来源：王新征 摄）

图 7-35 山西太谷无边寺戏台（来源：王新征 摄）

　　此外，各地的会馆建筑中也多建有戏台。会馆的兴建本就带有壮大同乡声势、加强凝聚力的意味，同时也承担信仰、聚会、观演、节庆、文教等功能，戏台的表演和观演功能，与会馆的实用功能、信仰功能实际上是紧密结合在一起的（图 7-36）。

　　戏台的数量、规模、形制，是聚落公共活动和信仰文化发达程度的重要体现，与聚落的经济发展水平和文化发达程度直接相关。例如

图7-36　河南洛阳山陕会馆舞楼（戏楼）（来源：王新征 摄）

浙江宁波宁海县，现存古戏台120余座，大多与宗祠、庙宇结合设置，藻井装饰精美。江西景德镇乐平市，现存古戏台400余座，类型丰富，其中庙宇台、祠堂台和会馆台在数量上也占据了绝大部分，特别是祠堂台尤为发达，形制成熟，装饰华丽（图7-37）。又如云南大理沙溪镇，

◀ 图 7-37

(a) 江西乐平市浒崦村名分堂戏台

(b) 江西乐平市戴村上房戏台

(c) 江西乐平市涌山村昭穆堂戏台

(d) 江西乐平市车溪村敦本堂戏台

多处聚落中有结合魁星阁建
造戏台的做法（图7-38）。
沙溪古镇寺登村四方街的古
戏台，背靠魁星阁，面对兴
教寺，与兴教寺围合山的四
方街是古镇中最重要的商业
空间，将观演空间、商业空
间与不同类型的信仰空间完
美地整合为一体（图7-39）。

图7-38　云南大理沙溪镇段家登村魁阁戏台
（来源：王新征　摄）

图7-39 ▶

（来源：王新征　摄）

（a）云南大理沙溪古镇寺登村魁阁戏台　　（b）云南大理沙溪古镇寺登村魁阁、戏台、
兴教寺、四方街

8 民居中的信仰空间

作为与其他空间类型伴生而非独立设置的信仰空间最为极端的形式，居住建筑中的信仰类空间在传统时期的乡土聚落中普遍存在。无论是制度性宗教，还是形形色色的民间信仰，又或是祖先崇拜与宗族信仰，都在乡土民居的内部空间中占据了一席之地，并在一定程度上影响着民居建筑的空间组织、营造体系以及装饰艺术。

8.1 从火炉到神龛

19 世纪德国建筑理论家戈特弗里德·森佩尔在《建筑四要素》中提出了原始建筑的四种典型要素——火炉（fireplace）、屋顶、围栏（enclosure）和墩子（mound）[1]。并且，森佩尔对这四种要素的论述不仅仅基于功能性（尽管功能确实具有重要的意义），而是更进一步强调了这四种要素在建筑从无到有——即人类定居模式形成中所具有的本源意义。

在森佩尔的建筑四要素中，屋顶、围栏、墩子分别代表了建筑遮蔽、围护和承载的功能，其意义是容易理解的，但火炉的意义则没有那么简单。实际上，在森佩尔看来，火炉的象征意义远大于功能意义，代表了建筑中的精神中心。也正是因为这个原因，森佩尔在四要素中将火炉排在第一位："现存人类栖息地的最早迹象是火炉（fireplace）的建立和以生存、取暖和加热食物为目的的取火行为。在火炉周围，人们形成了最早的群体；在火炉周围，人们形成了最早的联盟；在火

---

[1] 戈特弗里德·森佩尔. 建筑四要素. 罗德胤，等，译. 北京：中国建筑工业出版社，2009：93.

炉周围，早期的原始宗教观演化出了一整套祭拜习俗。在人类社会的各个发展阶段中，火炉都是神圣性的核心空间，周围的一切都处于这个核心形成的秩序和形态中。建筑的精神要素是最早出现的，同时也是最为重要的。"[1]

　　火炉作为一种精神中心具有相当程度上的普遍性，主要来自火（以及人工取火的行为）对于原始人类的重要意义。这不仅仅在于火的功能属性（取暖、烤熟或煮熟食物、驱赶野兽），更在于取火行为所具有的象征意义：人类第一次通过自身智慧的创造获得了足以与大自然的恐怖（恶劣的气候、凶猛的野兽等）相对抗的力量。也正是因此，在原始的神话和文学中，火及取得火的行为都被赋予了形而上的神圣意味，并且与光明、智慧、理性等重要的概念联系在一起。在古希腊神话中，普罗米修斯从奥林匹斯山偷取了火种并交给了人类。在这个故事中，火被视为人类能够完成文明创造的最后所需要的、同时也是最重要的东西（图8-1）。

　　这种对火的重要性的强调不仅存在于西方文明的历史中。在作为古波斯帝国国教的琐罗亚斯德教（中国称祆教）的教义中，火象征神的绝对和至善，因此在神庙中都有供奉神火的祭台。直到今天，在中国的西南地区，彝族等少数民族的传统节日（火把节）的庆典仪式中，还保留着原始的火神崇拜的痕迹。

图8-1　火的发明（来源：《亚当之家——建筑史中关于原始棚屋的思考》）

　　火代表的这种精神中心的意义在历史建筑形态的演变中得到一定程度的延续。火炉不仅仅成为建筑形态的中心，同时也是功能和精神

[1]　戈特弗里德·森佩尔.建筑四要素.罗德胤，等，译.北京：中国建筑工业出版社，2009：93.

意义上的中心，是人们聚集和公共性活动发生的地方。在西方，直到当代，壁炉在很多住宅中仍然是起居空间的中心，是聚会等重要的家庭活动发生的地方。今天，在很多情况下尽管壁炉已经不再带有取暖的实际功能用途，但这种作为家庭空间精神中心的意义和形态仍然得到了延续。在中国北方的乡村，火炕具有类似的重要意义：不仅作为热源和睡眠空间，就餐和待客等重要的家庭活动都是发生于其上的。

　　在建筑中的信仰空间和精神中心要素中，火炉是最古老同时也是最普遍的一种。火炉所具有的模糊的神圣意义与原始自然崇拜若有若无的联系相比，其后的多神信仰和一神信仰时代的精神中心要素的意义往往更加清晰和直白。神龛这种形式在很多宗教信仰中都不同形式的存在，其精神中心的意义并不仅仅体现在神庙、教堂等宗教建筑中。在传统的中国社会中，亲缘关系和宗法制度一直是比超越性的宗教更强大的精神力量。因此在中国的传统空间中，神龛的位置被供奉和祭祀祖先的牌位所取代，在很多情况下成为建筑空间中具有中心意义的要素（图8-2）。

图8-2　贵州榕江三宝侗寨民居中的牌位
（来源：王新征 摄）

亲缘关系和宗法制度作为一种社会性关系，使得精神空间在中国聚落的发展中逐渐从住宅内部分离出来，成为聚落中的独立空间（例如祠堂）。但在一些地处偏远、受传统儒家文化影响较少的地区，特别是在很多少数民族聚落中，民居中的精神中心空间仍然得到了保存，如下文中将要提到的摩梭民居。

8.2 民间信仰、家庭生活与信仰空间

　　传统时期的乡土社会中，家庭生活中或多或少都会包含信仰活动的内容，因此民居建筑中也总是会设置有与信仰活动和信仰文化相关

联的空间。相对来说，在以儒家思想为主体的传统社会官方主流意识形态影响较大的地区，民居建筑中信仰空间的比重较低，形式也较单一，多以宗族信仰及来自佛教、道教等制度性宗教的信仰形态为主；而在官方主流意识形态影响较弱、地域性原生文化相对强势的地区，民居建筑中的信仰形态和信仰空间往往更为复杂，既包含祖先崇拜和制度性宗教的内容，又包含着形形色色的、不同来源的民间信仰。这一点在一些地处偏远的少数民族聚落中表现得尤为明显。下面一个较为极端的案例就充分地展示出传统乡土社会中民间信仰、家庭生活和信仰空间之间的复杂关系，这就是滇西北的摩梭民居。

纳西族摩梭人聚居在云南省西北部泸沽湖周边的村落中。因为所处位置偏远，历史上长期交通较为闭塞，与外界交往较少，因此摩梭人一直到20世纪仍然保存着古老而独特的文化形态。"母系家庭"和"走婚制"这种带有人类原始母系社会痕迹的家庭模式，在摩梭家庭中直到当代还有一定程度的保留。与现代社会的一夫一妻制不同，传统的摩梭人没有固定的配偶，女子住在家中，男子夜晚到女子的花房中居住，白天离开。若有生育，小孩子在母亲的家庭中被抚养长大。在传统的摩梭家庭中，老祖母作为一家之主，主持家中的各项事务。此外，由于地理位置上的原因，摩梭人普遍信仰藏传佛教。

这种独特的文化形态决定了摩梭人住宅的空间组织形式。摩梭民居一般为院落式布局，完整的摩梭院落为包括内院和外院的四合院，主要由祖母屋、经堂、花楼、畜圈构成。其中祖母屋是单层建筑，其他为两层。祖母屋在院落正房的位置，是家庭中的核心空间，是老祖母和孩子们的住所，同时也是家庭中公共活动和仪式性活动发生的主要空间，具有重要的精神意义；经堂主要用来供奉佛像，保存佛经和供喇嘛居住；花楼是家中成年女性居住的地方，二层的花房是走婚的场所；畜圈则是用于饲养牲畜和仓储（图8-3）。

祖母屋是摩梭民居院落的核心建筑。祖母屋的平面布局呈"回"字形，外层的空间分别用于储藏、停尸等辅助功能，内层的祖母房空间则是主要的生活空间，除了供老祖母和小孩休息外，容纳了日常活动、餐饮、会客以及重要的仪式功能。祖母房中有火塘、生死之门、神灵冉巴拉、男女柱等重要的精神象征物。火塘分为上火塘和下火塘，除了烧煮、取暖、照明使用外，也是家庭的精神中心；生死之门分别供日常生活进出和死者遗体经过，寓意生死轮回；神灵冉巴拉是代表火神和祖先的神像，供奉在神龛之中；男柱和女柱寓意男女阴阳，用同一棵树上的木材制成（图8-4）。在结构上，祖母屋是典型的井干式木结构建筑。房屋的墙壁用交叉叠放的圆木或半圆木层层叠筑而成，圆木交叉处以榫卯交接，墙壁既是承重结构，也是围护墙体，这种做法在当地被称作"木楞房"。按照传统做法，祖母屋的屋顶由斧子劈制的木板用类似瓦片的方式层叠铺制，叫作"桦板"，并用石头压住以防止桦板被风掀动（图8-5）。

从以上叙述可以看出，在摩梭民居的空间组织中，包含着丰富的与信仰活动和信仰文化相关联的内容。其中用来供奉佛像，保存佛经和供喇嘛居住的经堂显示了作为制度性宗教的藏传佛教在摩梭人日常生活中的重要影响力，这种在民居中设置独立空间供宗教僧侣居住的

图 8-3　摩梭民居典型院落平面
（来源：王新征 绘制）

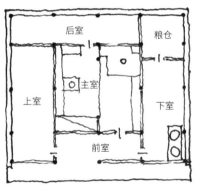

图 8-4　摩梭民居祖母屋典型平面
（来源：王新征 绘制）

（a）摩梭民居墙体木楞

◀图8-5
（来源：王新征 摄）

（b）摩梭民居屋面桦板

做法在中国传统时期的制度性宗教中是较为少见的，彰显了宗教信仰活动与家庭生活之间的密切联系。

　　祖母屋在摩梭民居空间组织中的核心地位说明原始氏族社会时期与血缘相关联的信仰文化仍然是摩梭家庭文化的主体。从上文的描述中能够看出，摩梭民居无论从院落空间组织还是建筑单体的功能和意义上都带有很强的原始合院式建筑的痕迹，其所代表的社会结构、家庭结构和家庭关系有浓重的原始母系氏族社会的痕迹，与其后的父权制和一夫一妻制的社会和家庭结构迥然不同，这种社会结构上的特殊性也反映在摩梭民居的建筑组织方式当中。祖母屋除了作为老祖母与孩子们的居所和家庭日常活动空间外，还具有重要的精神象征意义，这与原始聚落中位于众多住宅环绕中的较大的中心建筑同时作为氏族首领居住、聚落公共活动和精神信仰中心的意义是非常类似的，体现出原始聚落向以家庭为单位的合院式民居发展过程中的过渡状态。

　　而在祖母屋内部，火塘和神灵冉巴拉神龛占据的重要位置则体现了原始的火崇拜信仰的痕迹。被视为最重要的家庭空间的"祖母屋"中，火塘成为室内空间的中心，家庭中重要的聚会和仪式活动都围绕火塘进行，并成为整个民居中具有重要精神意义的中心（图8-6）。

图8-6　摩梭民居祖母屋室内（来源：王新征 摄）

摩梭民居的空间格局和祖母屋独特的建筑形式与信仰文化，是摩梭人长期的生活实践的产物，是传统摩梭社会的自然地理条件和社会文化观念在建成环境中的反映，与传统摩梭村落的生活方式和文化习俗是相契合的，更是摩梭社会古老而复杂的信仰文化在现实中的直接投射。

8.3 类型、形式与地域性

摩梭民居的例子生动地说明了信仰活动和信仰文化对民居建筑功能组织和建筑形式的影响可能会达到何种重要的程度。而在更广泛的范围内来看，各地民居中民间信仰活动要素的影响呈现出非常复杂而多样的面貌，既有以信仰类空间作为整个建筑或建筑群中心要素的例子，也有仅仅在民居内部的装饰图案中体现少许信仰元素的情况。

1. 信仰空间作为中心

总体上看，除了上述摩梭民居等少数较为极端的例子，将制度性宗教或神灵类的民间信仰作为民居建筑中心要素的做法较为少见，这与中国传统乡土社会文化整体上偏向于世俗化的特征是相吻合的。乡土民居建筑或建筑群体以信仰类空间为中心、围绕信仰类空间进行建筑群体整体空间组织的做法，多见于祖先崇拜和宗族信仰方面的信仰空间类型。

这一类民居建筑通常位于传统上宗族力量较为强大、居住模式以大家族聚族而居为主的乡土聚落中。例如同属闽海民系分布区的福建闽南、广东潮汕地区，因长期受移民文化影响，有较为强烈的宗族意识，宗族血缘成为闽南、潮汕乡土社会中最为重要的联系纽带。相应地，闽南与潮汕聚落在布局上一般都会强调出宗祠、祖庙所具有的重要地位。特别是最为重要的总祠，或位于聚落道路的枢纽位置，或位于地势较高处，并以之为中心，结合广场等形成聚落中重要的公共活动场所。而一些大型的民居建筑群体，则常有在正面中心位置设置宗祠的做法（图 8-7）。

另一个例子是主要分布于福建客家、闽南地区以及广东、江西部分地区的土楼民居。土楼民居通常为家族集中居住，形状以方形和圆形为主，也有前方后圆等变体形态。土楼一般高 4～5 层，1 层一般用于厨房、畜圈，2 楼做仓储之用，3 层以上住人。土楼的外墙一般为夯土，厚度很大，往往超过 1 米。外墙下部一般不开窗，上层居住部分开窗。面朝合院的界面则是木质结构和围护，与一般的合院式民居相类似。整个土楼被划分成相等的开间，有一户占据一间者，也有一户占据几间的（图 8-8）。尽管今天多已挪作他用甚至已经不存在，但传统上在土楼院落的中心位置一般设置有祖庙或祖祠，用于供奉、祭祀祖先，同时也是土楼中大家族聚会、议事等重要的公共活动举行的场所，具有重要的精神意义和象征意义（图 8-9）。而土楼的向心性的空间形态，无疑进一步强化了这种精神意义。

图 8-7　广东澄海观一村南盛里，中间为蓝氏通祖祠（来源：王新征 摄）

图 8-8　福建南靖田螺坑村土楼
（来源：王新征 摄）

图 8-9　土楼中心的家庙
（来源：王新征 摄）

关于土楼的建筑形式最初产生的原因，有很多不同的观点。其中一些学者认为，其起源可能与唐代军队在福建地区的解甲为民有关："大军落籍，第一是带来了军营式的建筑观念，对外防御，内部一律标准化、统一化。第二是带来了一些中原地区的建筑影响，因为部队是从中原来的，如家庙的形制是中原式样。但内圈出挑的木结构走廊，则可能是当地干阑式吊脚楼的遗风。"[1] 这种观点虽然同样缺少确切的史料支持，但比较明确地解释了土楼与其他民居样式中最为明显的差异之处，可以被视为一种较能被接受的关于土楼来源的解释，同时也说明了土楼中心宗族崇拜类信仰空间发展的源流。

2. 建筑群体中独立的信仰建筑

在另一些例子中，信仰空间并没有成为民居建筑空间组织上的中心，但仍然在整个建筑群体中拥有相对独立的空间，显示了信仰活动仍然在家庭生活中占据无可取代的重要位置。

这一类型大体上包括两种情况。其一是在民居建筑群中设置有独立的祠堂院落，在多路、多进的建筑群体中，祠堂虽然并不位于中路的主要轴线上，但仍然占据独立的院落。这种设计分布较为普遍，在南方宗族力量强大地区的聚族而居的民居群体中是较为常见的做法。在北方地区豪门大户、返乡的达官显宦以及豪商巨贾修建的单姓家族性聚落中也不罕见（图8-10）。

其二是住宅中独立设置的佛堂等与制度性宗教相联系的信仰建筑。除了摩梭民居中的经堂这样的少数类型外，这种做法总体上并不普遍，也较少成为与乡土文化联系深刻的系统性的、地域化的做法，而更多地属于特定居住者根据自身信仰状况所采取的个性化的营造方式（图8-11）。

3. 建筑中相对独立的信仰空间

信仰空间并不占据独立的建筑，而是占据建筑中相对独立的空间，并且成为民居建筑空间组织中相对固定下来的模式，这种做法在传统时期各地的民居建筑中有较普遍的应用。

---

[1] 陈志华，李秋香.住宅（上）.北京：生活·读书·新知三联书店，2007：110.

图 8-10　山西榆次车辋村常家庄园常氏宗祠
（来源：王新征 摄）

图 8-11　天津杨柳青镇石家大院佛堂
（来源：王新征 摄）

　　例如在北京地区传统的四合院民居中，四合院正房的中间一间，传统上多用作祖堂，表现出对家庭伦理和家庭秩序的重视。又如陕西关中地区的民居中，主要建筑包括厅房和厦房，皆以二层为主，以一楼作为主要使用空间，容纳家庭活动和居住功能。建筑二层的功能则多以供奉祖先或储物的居多，二层相当于空气间层，有利于保温隔热，适应了地域气候的特点，是信仰文化与实用功能相结合的做法（图 8-12）。

　　在广东广府、雷州等地的民居中，主要功能空间包括厅堂、卧室、厨房及辅助性空间皆围绕天井布置。其中厅堂是容纳家庭公共活动的场所，前临天井，或与天井直接相通，或以格扇相分隔。后墙一般不开窗，设置二层木制阁楼，用于供奉祖先牌位，广府地区称作"神楼"（图 8-13），雷州地区称作"家坛"（图 8-14）。大型的住宅，一般有多个厅堂，将供奉祖先、家庭活动、接待宾客等功能分开，厅堂两侧主要作为卧室。

　　在长期的历史发展中，由于移民、商业、军事等方面的原因，地域之间的文化和建筑形

图 8-12　陕西旬邑唐家村唐家大院厅房、厦房
（来源：王新征 摄）

图 8-13　广东郁南石桥头村光二大屋神楼　　图 8-14　广东雷州邦塘村民居家坛
　　　　　　　　　　（来源：李雪 摄）　　　　　　　　　　　（来源：王新征 摄）

式常存在彼此的交流与融合。在这个过程中，建筑中的实用性功能容
易受到地域自然地理和资源经济因素的影响而发生变化，信仰活动等
社会文化要素往往成为更为稳定的力量，这一点也体现在民居中的信
仰空间当中。以贵州黔中地区的屯堡民居为例，屯堡是驻军屯田形成
的独特的民居形态。明朝初年，明军在军事上征服了贵州、云南等边
疆诸省后，为了加强对这一地区的统治，在西南省份特别是黔中一带
实行屯田制度。这其中既包括从中原、江南、湖广等地区征调的农民、
工匠等形成的民屯，也包括军队驻扎屯田形成的军屯。特别是在安顺
一带，这种屯堡特别集中，形成了极具特色的屯堡文化和屯堡建筑形
态。作为驻屯建筑，屯堡民居的外部形式服务于军事功能，最显著的
特征就是对建筑防卫性的强化。民居合院的平面尺度一般较正常为小，
外墙较高，利于防御。同时在外墙材料的选择上也突出了防御性的特
征，与同时期汉地民居一般用砖甚至土坯砌筑墙体相比，屯堡民居一
般采用产自当地的石材作为外墙材料，既便于就地取材，其牢固性又
能够显著地提高建筑的防御能力。大量石材的使用也能够降低密集的
建筑群在战事中遭遇火灾的可能性。同时，院落的外墙开窗很少，窗

口位置较高且面积很小，在墙上还设置了射击孔，以强化其防御特性（图 8-15）。

但另一方面，屯堡虽然位于贵州，但无论是民屯还是军屯，主要的人口均来自汉族地区。在明朝初期，中原和江南地区的生产生活和社会文化的发展水平，均高于西南边陲地区。并且，驻军屯田戍边的行为，本身就带有对地方文化征服和统治的意义。同时，驻军的纪律管理也阻止了与地方通婚等现象的普及。因此，与其他移民方式中外来移民易受到地域既有生活方式和地域文化影响，甚至最终融入原生文化当中去的情况不同，屯堡居民在很大程度上保存了中原和江南地区的生活方式和文化形态，从而在黔中地区形成了独特的、与周边少数民族文化有较大差异的文化样式。从屯堡民居建筑的角度看，大体沿用了汉地的民居类型，以四合或三合院落为主。在院落内向界面的处理上，因为较少地受到防御功能需求的影响，基本上与当时的江南民居等汉地民居风格保持一致（图 8-16）。院落正门多成"八"字形且高度较大、雕饰精美，也具有典型的江南民居的特点（图 8-17）。同时，在合院中正房中间的堂屋中，往往设置神榜，供奉"天地君亲师"

图 8-15 贵州安顺天龙镇天龙屯堡民居与外墙
（来源：王新征 摄）

图 8-16 贵州安顺天龙镇天龙屯堡民居院落内围护界面
（来源：王新征 摄）

图 8-17 贵州安顺天龙镇天龙屯堡民居门头与木雕
（来源：王新征 摄）

和神灵、祖先的牌位，显示出在与信仰活动相联系的家庭空间方面所
受到的强烈的汉地文化的影响。

4. 神龛

如前文所述，供奉和祭祀神灵的神龛，是居住建筑中最为常见
的展示信仰活动和信仰文化的方式。神龛对空间尺度和营建成本的要
求都很低，因此具有广泛的适应性，在传统时期中国各地的乡土聚落
中广泛存在。其中既有与地域性宗教或居住者个人信仰相关联的制度
性宗教的神龛，也有较常见的与民间信仰相关的天地神龛、土地堂等
（图 8-18）。

在民居建筑中，神龛往往成为建筑装饰的重点部位，施以复杂的
木雕、砖雕等，既显示出对神灵的敬意，也具有装饰作用（图 8-19）。

神龛的位置，依所供奉神灵的类型和地域信仰文化的习惯，呈现
出多样化的面貌。其中制度性宗教的神龛往往位置较为隐秘，显示出
制度性宗教信仰相对较为严肃和正规化的特征。民间信仰的神龛特别
是天地崇拜、土地崇拜之类较普遍，也更为世俗化的神灵崇拜的神龛
则往往位于民居中较为醒目的位置，多与民居中主要交通流线相结合
设置。

图 8-18　陕西旬邑唐家村唐家大院土地堂　　　图 8-19　山西晋中静升镇王家大院神龛
　　　　　（来源：王新征 摄）　　　　　　　　　　　（来源：王新征 摄）

在一些地区的民居中，神龛的位置更为固定化，同时与建筑的交通流线组织结合也更为紧密，使得神龛在供奉、祈禳的功能外，作为建筑构件的景观和装饰意义也进一步凸显出来。以江苏扬州地区的传统民居为例，扬州民居的平面格局一般比较规则，常为中轴对称的形式。民居中正房朝向以南北向为佳，大型宅邸中路"正落"的正房自前向后一般依次为大门、二门、大厅和楼厅，院落两侧为厢房或敞开式的游廊。大门一般偏东南设置，通过一个小的入口院落，将流线转向位于中轴线的二门，而在正对大门的位置常有在墙面设置"福祠"的做法（图8-20）。福祠中一般供奉土地神，具有神龛的功能，但从所处的位置来看，又能够引导宅内流线和视线的自然转折，起到类似于座山式影壁的功能。在经济实力许可的情况下，福祠多为仿建筑式神龛的形式，并以精美的砖雕装饰，成为扬州民居中带有强烈地域特色的组成部分（图8-21）。

5. 与信仰文化相关的建筑形式

在一些例子中，民居建筑中的信仰活动与信仰文化内容并不是直接体现为供奉神灵或祖先的空间与场所，而是体现为对建筑形式的影响。例如在广东广府地区，形如镬耳的山墙，是广府民居在建筑形

图8-20　江苏扬州汪氏小苑二门、福祠
（来源：王新征 摄）

图8-21　江苏扬州个园福祠
（来源：王新征 摄）

式上最为典型的特征之一，这一类民居也被形象地称为"镬耳屋"（图8-22）。据记载，早期的镬耳山墙一般只有家中有人考取功名才可以使用，但后来已发展为一种较为普遍的样式。对镬耳形式寓意的解释，有的观点认为是传统的鳌鱼图腾在建筑中的具象化，有的观点认为镬耳象征丰衣足食，也有的观点认为形如官帽，寓意独占鳌头。在这里，山墙已经从防御盗匪、防范火灾蔓延的功能构件，发展为一种与信仰文化相关联的象征物（亦有研究认为弧形山墙的形式与印度教建筑经由东南亚地区产生的影响有关，但并无有力的证据）。相应地，山墙镬耳部分的尺度、材料和装饰，也成为民居建造中得到重点关注的部分。乡村中较大规模的广府民居建筑群，常背靠山地丘陵，使建筑群体沿地势缓缓抬升，多层次的镬耳山墙和龙船脊，形成丰富的视觉效果（图8-23）。

类似地，广东雷州地区民居建筑的山墙，也因其造型讲究、装饰华丽，成为雷州民居在建筑形式上最为典型的特征之一。山墙通常都以灰塑装饰，在美化墙面的同时，对强化山墙与屋顶交接部位的防水、防渗能力也有好处。其中较为讲究的山墙会建造成五行山墙的形式，与传统信仰文化中五行观念的影响有关。五行山墙分为金式、木式、水式、火式、土式五种形式，各具不同的风格特征。一座民居中有只使用一种形式的，也有同时使用两种以上形式的（图8-24）。

又如在山西民居中，多进院落往往顺应地形逐进升高，除有利于采光通风外，也有风水上的考虑。基于同样的理由，正房的形式一般

图8-22 广东肇庆武垄村民居镬耳山墙
（来源：李雪 摄）

图8-23 广东肇庆古蓬村民居
（来源：谢俊鸿 摄）

图 8-24 ▶

（来源：王新征 摄）

(a) 广东遂溪苏二村民居木式山墙　　　　(b) 广东雷州邦塘村民居水式山墙

求其宏伟，当正房为单层从而造成高度不足时，常在正房屋顶建风水楼（也称"吉星楼"）和风水影壁，以在视觉上增加正房的高度，风水影壁常在正反两面采用精美的砖雕装饰（图 8-25）。这种做法在晋西、晋中以及陕北一带合院式的砖锢窑民居中特别普遍，也是民间信仰文化影响居住建筑形式的例子。

6. 信仰活动与建筑装饰

图案题材和内容与信仰活动相关的建筑装饰，是乡土建筑中体现信仰文化最为普遍的做法。其中既有类似潮汕地区祠、庙中的门神彩画这样直接将民间信仰与建筑装饰艺术紧密结合在一起的做法（图 8-26），也有各地木雕、石雕、砖雕、陶塑、灰塑、嵌瓷、油饰、彩画、彩绘等建筑装饰艺术形式中对宗教类、神话类、民间信仰类题材的借用（图 8-27）。相对来说，后者更注重图案的装饰意义，其中的信仰内容往往被淡化。

图 8-25　山西榆次车辋村　　　图 8-26　广东潮安象埔寨　　　图 8-27　江苏扬州吴道台
　　　　　常家庄园吉星楼　　　　　　　陈氏家庙门神画　　　　　　　宅第仪门"三星高照"砖雕
　　　　（来源：王新征 摄）　　　　（来源：王新征 摄）　　　　（来源：王新征 摄）

参考文献 ▌

[1] 杨庆堃.中国社会中的宗教 [M].范丽珠，等，译.上海：上海人民出版社，2007.

[2] 戈特弗里德·森佩尔.建筑四要素 [M].罗德胤，等，译.北京：中国建筑工业出版社，2009.

[3] 马克斯·韦伯.儒教与道教 [M].王容芬，译.北京：商务印书馆，1995.

[4] 闻人军.考工记译注 [M].上海：上海古籍出版社，2012.

[5] 伯纳德·鲁道夫斯基.没有建筑师的建筑：简明非正统建筑导论 [M].高军，译.天津：天津大学出版社，2011.

[6] 贾雷德·戴蒙德.枪炮、病菌与钢铁 [M].谢延光，译.上海：上海译文出版社，2000.

[7] 马文.特拉亨伯格.西方建筑史：从远古到后现代 [M].王贵祥，等，译.北京：机械工业出版社，2011.

[8] 乐黛云，勒·比松.独角兽与龙——在寻找中西文化普遍性中的误读 [M].北京：北京大学出版社，1995.

[9] 汤因比.历史研究：修订插图本 [M].刘北成，等，译.上海：上海人民出版社，2000.

[10] 王其亨，等.风水理论研究 [M].天津：天津大学出版社，2005.

[11] 赵吉士.寄园寄所寄·卷下 [M].上海：大达图书供应社，1935.

[12] 戴志坚.福建民居 [M].北京：中国建筑工业出版社，2009.

[13] 潘莹.潮汕民居 [M].广州：华南理工大学出版社，2013.

[14] 王金平，徐强，韩卫成.山西民居 [M].北京：中国建筑工业出版社，2009.

[15] 陈志华.古镇碛口［M］.北京：中国建筑工业出版社，2004.

[16] 周学曾，等.晋江县志［M］.福州：福建人民出版社，1990.

[17] 杨衒之.洛阳伽蓝记［M］.尚荣，译.北京：中华书局，2012.

[18] 王军.西北民居［M］.北京：中国建筑工业出版社，2009.

[19] Jcan Nieuhoff. L'Ambassade de la Compagnie Orientale des Provinces Unies vers L'Empereur de la Chine，ou Grand Cam de Tartarie［J］. Leyda: Jacob de Meurs, 1665.

[20] 罗伯特•芮德菲尔德.农民社会与文化：人类学对文明的一种诠释［M］.王莹，译.北京：中国社会科学出版社，2013.

[21] 多桑.多桑蒙古史［M］.冯承钧，译.北京：中华书局，1962.

[22] 陈震东.新疆民居［M］.北京：中国建筑工业出版社，2009.

[23] 罗德胤，孙娜，霍晓卫等.哈尼梯田村寨［M］.北京：中国建筑工业出版社，2013.

[24] 王士懋.闽部疏（明宝颜堂订正刊本影印）［M］.台北：成文出版社有限公司，1975.

[25] 左满堂，白宪.河南民居［M］.北京：中国建筑工业出版社，2012.

[26] 屈大均.广东新语［M］.北京：中华书局，1985.

[27] 陆琦.广东民居［M］.北京：中国建筑工业出版社，2008.

[28] 陆琦.广府民居［M］.广州：华南理工大学出版社，2013.

[29] 单德启.安徽民居［M］.北京：中国建筑工业出版社，2009.

[30] 丁俊清，杨新平.浙江民居［M］.北京：中国建筑工业出版社，2009.

[31] 陈志华，李秋香.诸葛村［M］.北京：清华大学出版社，2010.

[32] 李晓峰，谭刚毅.两湖民居［M］.北京：中国建筑工业出版社，2009.

[33] 李先逵.四川民居［M］.北京：中国建筑工业出版社，2009.

[34] 罗德胤.中国古戏台建筑［M］.南京：东南大学出版社，2009.

[35] 黄浩.江西民居［M］.北京：中国建筑工业出版社，2008.

[36] 约瑟夫•里克沃特.亚当之家——建筑史中关于原始棚屋的思

考［M］.李保，译.北京：中国建筑工业出版社，2006.

[37] 蒋高宸.云南民族住屋文化［M］.昆明：云南大学出版社，1997.

[38] 杨大禹，朱良文.云南民居［M］.北京：中国建筑工业出版社，2009.

[39] 陈志华，李秋香.住宅（上）［M］.北京：生活·读书·新知三联书店，2007.

[40] 业祖润.北京民居［M］.北京：中国建筑工业出版社，2009.

[41] 梁林.雷州民居［M］.广州：华南理工大学出版社，2013.

[42] 罗德启.贵州民居［M］.北京：中国建筑工业出版社，2008.

[43] 雍振华.江苏民居［M］.北京：中国建筑工业出版社，2009.

[44] 梁思成.中国建筑史［M］.天津：百花文艺出版社，1998.

[45] 潘谷西.中国古代建筑史 第四卷：元明建筑［M］.北京：中国建筑工业出版社，1999.

[46] 李允鉌.华夏意匠——中国古典建筑设计原理分析［M］.天津：天津大学出版社，2005.

[47] 傅熹年.中国古代建筑史 第二卷：两晋、南北朝、隋唐、五代建筑［M］.北京：中国建筑工业出版社，2001.

[48] 单军.建筑与城市的地区性——一种人居环境理念的地区建筑学研究［M］.北京：中国建筑工业出版社，2010.

[49] 中华人民共和国住房和城乡建设部.中国传统民居类型全集［M］.北京：中国建筑工业出版社，2014.

[50] 王新征.田居市井：乡土聚落公共空间［M］.北京：中国建材工业出版社，2019.

[51] 王新征.中国传统建筑的营建观念与逻辑［M］.北京：中国建筑工业出版社，2019.

[52] 王新征.合院原型的地区性［M］.北京：清华大学出版社，2014.

[53] 王新征.技术与今天的城市［M］.北京：中国建筑工业出版社，2013.

致 谢

感谢《筑苑》丛书各主办单位、理事单位对传统建筑文化普及工作的支持，感谢丛书编委会对本书写作富有建设性的意见与建议。感谢中国建材工业出版社章曲编辑的盛情邀请，更要感谢她为本书的策划和出版所做的辛勤工作，感谢出版社在本书出版的各个环节给予支持和帮助的老师们。

感谢研究生团队张屹然、马韵颖等同学为本书相关的调研和整理所做的工作。感谢参与相关调研工作的李雪、江小玲、谢俊鸿、杨茹等同学。

本书的调查和研究承蒙北京市社会科学基金项目（15WYC066）、北京市教育委员会科技计划项目（KM201810009015）、北京市教委基本科研业务费项目、北方工业大学人才强校行动计划项目、北方工业大学毓优人才支持计划项目的资助，特此致谢。

广州市园林建筑工程公司

广州市园林建筑工程公司成立于1979年，前身是1958年成立的广州市园林局下属园林工程队，现隶属全国大型骨干企业——广州市建筑集团有限公司（以下简称"广州建筑"）。广州建筑是广州市国资委直接监管的国有大型企业集团，其跻身中国企业五百强第324位，在广东省企业500强中排名第40位，综合实力居广东省建筑企业之首。公司在广州市园林绿化企业诚信综合评价排名第一，拥有文物保护施工一级、园林古建筑施工一级、风景园林工程设计专项乙级资质，是中国建材工业出版社《筑苑》副理事长单位、广东省风景园林与生态景观协会副会长单位、广州市城市绿化协会副会长单位、广州市建筑遗产保护协会理事单位。2001年公司通过ISO质量管理体系认证、环境管理体系认证、职业健康安全体系认证，荣获"中国城市园林绿化建设突出贡献企业"、"广东省湿地保护优秀单位"、"广州信用一等企业"、"广东省诚信示范企业"、"广东省优秀园林企业"等称号。

"以人为本，质量第一，信誉第一，客户至上"是广州市园林建筑工程公司的企业宗旨。"求实、拼搏、创新、奉献"是企业精神，"忠诚优质服务，创造美好环境"是工作目标。

广州市园林建筑工程公司致力于文物保护、园林工程设计及施工，在文物保护尤其是岭南传统建筑的文保工作中做出了较为突出的贡献，同时积极参展造园工程并收获众多荣誉。经过五十多年的工程实践，公司的业绩遍布德国、澳大利亚、日本、韩国、非洲塞舌尔等多个国家和香港、澳门等地区及全国各地，积累了丰富的园林景观设计和施工经验，技术力量雄厚，拥有一批富有经验的专业技术人员和施工队伍。公司除承包各种规模的古建筑修建工程、文物保护工程、园林工程规划设计和施工等主营业务外，还开拓了园林树木、花卉种植业务，应用研究和开发同步推进。

澳大利亚——谊园

香港花展

宝华山佛文化展示暨杨柳泉古山镇复建项目

广州阅江路绿化项目

日本福冈——广州园

韩国京畿道——粤华苑

北京中农富通城乡规划设计研究院
BEIJING ZHONGNONG FUTONG TOWN-COUNTRY PLANNING AND DESIGN INSTITUTE

田园城市、现代农业城、生态村镇、特色小镇、乡村振兴、美丽乡村、休闲农业与乡村旅游、绿色经济产业带、田园综合体、国家现代产业园、国家农业公园、农村综改试验区、农村三产融合、农旅综合体、生态旅游园区、农产品加工园区、乡土建筑景观、农村基础设施、生态创意产品、国家省部级项目申报、可行性研究报告、品牌价值提升方案等。

广西壮族自治区玉林市生态鹿塘美丽乡村规划设计

陕西省延安市洛川县苹果田园综合体规划设计

引黄入冀补淀工程（濮阳段）绿色产业示范带总体规划

新疆维吾尔自治区昌吉回族自治州阜康市国家农业公园、天池特色小镇总体规划设计

湖北省黄冈市陈策楼镇王家岗、李家湾美丽乡村规划

中国永宁山地农旅循环产业园详细规划

地址：北京市海淀区学清路38号中国农业大学（东
　　　校区）金码大厦B座15层 100083
电话：010-82838985　158 0152 1898
网址：www.countryplan.cn（城乡规划网）官网
　　　www.countrysideplan.com（美丽乡村规划网）

中国城乡规划网（官网）　中国城乡规划网 公众号　美丽乡村规划网 公众号

提供一揽子、接地气的城乡融合、乡村振兴
综合解决方案、科技产品和专业服务

河北省秦皇岛市青龙特色小镇概念设计

陕西省咸阳市秦都区华夏生态农业文化城规划设计

江苏省淮安市新农村综合示范区详细规划

　　中农富通城乡规划院（简称），依托中国科学院、中国社科院、中国农大、中国农科院、清华大学等科研院校专家，坚持"专注三农、服务城乡"的发展方向，以科技支撑为优势，以客户为中心、以奋斗者为本、持续创新、不懈努力，整合城市、乡村、农业、旅游、文化、生态、大数据、投资、运营等领域资源，竭诚为客户提供规划设计、产品定制、投资运营、数据信息、国际合作等一揽子、接地气的科技产品和专业服务。

　　公司属于国家高新技术企业、中关村高新技术企业，具备规划设计甲乙级资质，通过了 ISO 9001 质量管理认证，每年完成多项科技研发成果和实用专利，获得过多项国家级省部级规划设计奖项，设有西部院、东南院及办事处。

　　新时代、新未来，企业将助力乡村振兴，推动城乡融合，建设美丽中国，不断创造人民向往的美好生活。

我们真诚期望与您分享品牌资源，助推城乡融合，实现乡村振兴！

意匠轩

铸筑百年老字号　营造国际意匠轩

广州大佛寺

荷兰熊猫馆　　　扬州万福桥头堡　　　汕头石泉岩古寺　　　高邮当铺保护方案

大运河遗产保护 　　　　　　　　　河南金沙湖高尔夫会所

扬州小玲珑山馆 　扬州李典村沿江村环境改造 　扬州邵伯古镇史街 　安徽凤台体育公园

扬州意匠轩园林古建筑营造股份有限公司

传统建筑、生态园林、建筑遗产保护等工程的
策 划、投 资 、设 计、施 工、研 究、管 理 全 产 业 链 运 营 商

地址：扬州市文昌中路18号文昌国际大厦四楼 电话：0514-85559000
E-mail：yzyjx2008@163.com 　　　　　　邮编：225003

《筑苑》丛书